五年制高职专用教材

建筑工程计量与计价实训

主　编　王素艳　王亚芳

副主编　孙毓卿　顾蒙娜　庄秋萍

主　审　赵泓铂

U0234201

北京理工大学出版社

BEIJING INSTITUTE OF TECHNOLOGY PRESS

内 容 提 要

本书是一本按照项目化教学方法编写的建筑工程计量、计价内容的实训教学用书，具有较强的针对性和实用性。全书共分为三个项目，包括建筑工程造价基础理论、分部分项与单价措施项目计量与计价、建筑工程计量与计价综合实训。各部分均以典型建筑工程案例进行讲解，其中项目一包含清单计价规范和建筑工程定额两个任务；项目二包含土方工程计量与计价，混凝土工程主体结构计量与计价，钢筋工程计量与计价，砌筑工程计量与计价，屋面及防水工程计量与计价，保温、隔热工程计量与计价和单价措施项目计量与计价7个任务；项目三为根据一套施工图进行工程量计算、清单编制和清单报价综合实训。全书按照《房屋建筑与装饰工程工程量计算规范》（GB 50854—2013）、《江苏省建筑与装饰工程计价定额（2014）》及相关标准文件编写。

本书可作为高职工程造价专业、建筑施工技术专业和其他相近专业的教材，也可作为从事建筑安装工程施工的工程技术管理人员的培训及参考用书，特别适用于建筑工程预算员岗位从业者及初学者。

图书在版编目（CIP）数据

建筑工程计量与计价实训 / 王素艳，王亚芳主编
. -- 北京：北京理工大学出版社，2022.11
　ISBN 978-7-5763-1711-4

Ⅰ.①建… Ⅱ.①王…②王… Ⅲ.①建筑工程－计
量②建筑造价 Ⅳ.①TU723.3

中国版本图书馆 CIP 数据核字（2022）第 170626 号

出版发行 / 北京理工大学出版社有限责任公司
社　　址 / 北京市海淀区中关村南大街5号
邮　　编 / 100081
电　　话 / （010）68914775（总编室）
　　　　　 （010）82562903（教材售后服务热线）
　　　　　 （010）68944723（其他图书服务热线）
网　　址 / http://www.bitpress.com.cn
经　　销 / 全国各地新华书店
印　　刷 / 河北鑫彩博图印刷有限公司
开　　本 / 787毫米×1092毫米　1/16
印　　张 / 12
插　　页 / 8　　　　　　　　　　　　　　　　　　责任编辑 / 钟　博
字　　数 / 265千字　　　　　　　　　　　　　　　文案编辑 / 钟　博
版　　次 / 2022年11月第1版　2022年11月第1次印刷　责任校对 / 刘亚男
定　　价 / 45.00元　　　　　　　　　　　　　　　责任印制 / 王美丽

出版说明

五年制高等职业教育（简称五年制高职）是指以初中毕业生为招生对象，融中高职于一体，实施五年贯通培养的专科层次职业教育，是现代职业教育体系的重要组成部分。

江苏是最早探索五年制高职教育的省份之一，江苏联合职业技术学院作为江苏五年制高职教育的办学主体，经过20年的探索与实践，在培养大批高素质技术技能人才的同时，在五年制高职教学标准体系建设及教材开发等方面积累了丰富的经验。"十三五"期间，江苏联合职业技术学院组织开发了600多种五年制高职专用教材，覆盖了16个专业大类，其中178种被认定为"十三五"国家规划教材，学院教材工作得到国家教材委员会办公室认可并以"江苏联合职业技术学院探索创新五年制高等职业教育教材建设"为题编发了《教材建设信息通报》（2021年第13期）。

"十四五"期间，江苏联合职业技术学院将依据"十四五"教材建设规划进一步提升教材建设与管理的专业化、规范化和科学化水平。一方面将与全国五年制高职发展联盟成员单位共建共享教学资源，另一方面将与高等教育出版社、凤凰职业教育图书有限公司等多家出版社联合共建五年制高职教育教材研发基地，共同开发五年制高职专用教材。

本套"五年制高职专用教材"以习近平新时代中国特色社会主义思想为指导，落实立德树人的根本任务，坚持正确的政治方向和价值导向，弘扬社会主义核心价值观。教材依据教育部《职业院校教材管理办法》和江苏省教育厅《江苏省职业院校教材管理实施细则》等要求，注重系统性、科学性和先进性，突出实践性和适用性，体现职业教育类型特色。教材遵循长学制贯通培养的教育教学规律，坚持一体化设计，契合学生知识获得、技能习得的累积效应，结构严谨，内容科学，适合五年制高职学生使用。教材遵循五年制高职学生生理成长、心理成长、思想成长跨度大的特征，体例编排得当，针对性强，是为五年制高职教育量身打造的"五年制高职专用教材"。

江苏联合职业技术学院教材建设与管理工作领导小组

2022年9月

序言

　　为贯彻落实《国家中长期教育改革和发展规划纲要（2010—2020年）》，充分发挥教材建设在提高人才培养质量中的基础性作用，促进现代职业教育体系建设，全面提高五年制高等职业教育教学质量，保证高质量教材进课堂，江苏联合职业技术学院建筑专业协作委员会对建筑类专业教材进行统一规划并组织编写。

　　本套教材是在总结五年制高等职业教育经验的基础上，根据课程标准、最新国家标准和有关规范编写，并经过江苏联合职业技术学院教材审定委员会审定通过。新教材紧紧围绕五年制高等职业教育的培养目标，密切关注建筑业科技发展与进步，遵循教育教学规律，从满足经济社会发展对高素质劳动者和技术技能型人才的需求出发，在课程结构、教学内容、教学方法等方面进行了新的探索和改革创新；同时，突出理论与实践的结合，知识技能的拓展与应用迁移相对接，体现高职建筑专业教育特色。

　　本套教材可作为建筑类专业教材，也可作为建筑工程技术人员自学和参考用书。希望各分院积极推广和选用本套教材，并在使用过程中，注意总结经验，及时提出修改意见和建议，使之不断完善和提高。

江苏联合职业技术学院建筑专业协作委员会

2017 年 12 月

前　言

随着进一步贯彻落实国务院做好住房和城乡建设各项工作战略决策，促进经济平稳较快增长，把扩大内需工作作为当前各项工作的首要任务，建筑业步入一个空前繁荣的发展时期，建筑安装工程领域新材料、新设备、新工艺、新方法不断涌现，国家建筑技术标准、规范日益更新，迫切需要掌握新工艺、新技术的施工现场一线咨询人才。本书是编写团队在多年工程造价教学经验及工程实践经验的基础上，按照新《房屋建筑与装饰工程工程量计算规范》（GB 50854—2013）、《江苏省建筑与装饰工程计价定额（2014）》及其相关标准文件编写的对建筑项目咨询人员具有指导意义的教材。

本书在编写过程中，按照教育部专业教学改革精神及学校在示范校建设过程中适应新形势下教学改革和课程改革的需要，在项目化教学课程改革成果的基础上对书稿进行了重新编排，以更好地培养适应施工现场技术管理需要的技术人才。

本书具有如下特点：

（1）反映了当前教学改革和课程改革的主要方法和趋势，以案例为主导，以情境为任务，采用项目化教学设计。

（2）尊重职业教育的特点和发展趋势，合理把握"基础知识够用为度、注重专业技能培养"的编写原则。

（3）融入"1＋X"职业技能标准，配有 BIM 信息化教学资源，设计学生工作页。将理论和实际工程案例相结合，将枯燥的理论知识分散在各个项目中，以规则为指导，即学即用，实现教学过程与工作过程相融合。

（4）内容安排上以建筑工程分部分项工程清单工程量、计价工程量及计价为主线，注重与实际工程无缝对接，不需要对知识进行转换处理。

（5）安排了任务巩固与拓展环节，设计专门的表格供课后练习或考核使用。

本书由宜兴高等职业技术学校王素艳、王亚芳担任主编。具体编写分工：项目一和项目二中的任务三、七由庄秋萍编写，项目二中的任务一由王素艳编写，项目二中的任务二由孙毓卿编写，项目二中的任务五、六由顾蒙娜编写，项目二中的任务四及项目三由王亚芳编写。王亚芳、王素艳负责组织编写及全书整体统稿工作。江苏苏咨工程咨询有限责任公司赵泓铂负责本书主审工作。

本书在编写过程中，编者查阅了大量公开或内部发行的技术资料和书刊，借用了其中一些图表及内容，在此向原作者致以衷心的感谢。

由于编者水平有限，加之时间仓促，书中难免存在缺漏和错误之处，敬请广大读者批评指正。

编　者

目 录

项目一　建筑工程造价基础理论

任务一　清单计价规范

知识目标

1. 了解《建设工程工程量清单计价规范》（GB 50500—2013）的内容；
2. 熟悉工程量清单编制规范基本要求，熟悉工程量清单计价规范基本要求。

技能目标

能编制简单工程量清单。

素质目标

1. 遵守相关法律法规、标准和管理规定；
2. 具有严谨的工作作风、较强的责任心和科学的工作态度；
3. 爱岗敬业，严谨务实，团结协作，具有良好的职业操守。

■ 一、总则与术语认知

（一）概述

《建设工程工程量清单计价规范》（GB 50500—2013）（以下简称《计价规范》）是2013 年 7 月 1 日中华人民共和国住房和城乡建设部编写颁发的文件。其是根据《中华人民共和国建筑法》《中华人民共和国民法典》《中华人民共和国招标投标法》等法律以及最高人民法院《关于审理建设工程施工合同纠纷案件适用法律问题的解释》（法释〔2004〕14 号），按照我国工程造价管理改革的总体目标，本着国家宏观调控、市场竞争形成价格的原则制定的。

《计价规范》总结了《建设工程工程量清单计价规范》（GB 50500—2008）（以下简称原规范）实施以来的经验，针对执行中存在的问题，特别是清理拖欠工程款工作中普遍反映的，在工程实施阶段中有关工程价款调整、支付、结算等方面缺乏依据的问题，主要修订了原规范正文中不尽合理、可操作性不强的条款及表格格式，特别增加了采用工程量清单计价如何编制工程量清单和招标控制价、投标报价、合同价款约定以及工程计量与价款支付、工程价款调整、索赔、竣工结算、工程计价争议处理等内容，并增加了条文说明。原规范的附录 A～E 除个别调整外，基本没有修改。原由局部修订增加的附录 F，此次修订一并纳入《计价规范》。

《计价规范》基本内容包括总则、术语、一般规定、工程量清单编制、招标控制价、投标报价、合同价款约定、工程计量、合同价款调整、合同价款期中支付、竣工结算与支付、合同解除的价款结算与支付、含同价款争议的解决、工程造价鉴定、工程计价资料与档案、附录、条文说明等。

（二）总则和术语

1. 总则

为规范建设工程造价计价行为，统一建设工程计价文件的编制原则和计价方法，根据《中华人民共和国建筑法》《中华人民共和国民法典》《中华人民共和国招标投标法》等法律法规，制定《计价规范》。

《计价规范》适用于建设工程发承包及实施阶段的计价活动。

建设工程发承包及实施阶段的工程造价应由分部分项工程费、措施项目费、其他项目费、规费和税金组成。

招标工程量清单、招标控制价、投标报价、工程计量、合同价款调整、合同价款结算与支付以及工程造价鉴定等工程造价文件的编制与核对，应由具有专业资格的工程造价人员承担。

承担工程造价文件的编制与核对的工程造价人员及其所在单位，应对工程造价文件的质量负责。建设工程发承包及实施阶段的计价活动应遵循客观、公正、公平的原则。

建设工程发承包及实施阶段的计价活动，除应符合《计价规范》外，尚应符合国家现行有关标准的规定。

2. 术语

术语是对《计价规范》特有术语给予的定义，尽可能避免《计价规范》贯彻实施过程中不同理解造成的争议，共计 23 条。其中，发包人和承包人的定义如下所述。

（1）发包人：具有工程发包主体资格和支付工程价款能力的当事人以及取得该当事人资格的合法继承人，又称为"招标人"。

（2）承包人：被发包人接受的具有工程施工承包主体资质的当事人以及取得该当事人资格的合法继承人，又称为"投标人"。

其余详细内容见后述内容。

■二、招标工程量清单认知

（一）概述

招标工程量清单规定了工程量清单编制人及其资质、工程量清单的组成内容、编制依据和各组成内容的编制要求。具体内容包括一般规定、分部分项工程项目、措施项目、其他项目、规费、税金。

1. 工程量清单

工程量清单是建筑工程的分部分项工程项目、措施项目、其他项目、规费项目和税金的名称及相应数量等的明细清单。该清单应由具有编制能力的招标人或受其委托，具有相应资质的工程造价咨询人编制。采用工程量清单方式招标，工程量清单必须作为招标文件的组成部分，招标人对编制的工程量清单的标准性（数量）和完整性（不缺项、漏项）负责，如委托工程造价咨询人编制，其责任仍由招标人承担（强制性规定）。

招标人依据工程量清单进行招标报价，对工程量清单不负有核实义务，更不具有修改和调整的权力。

2. 编制工程量清单的依据

（1）《计价规范》；

（2）国家或省级、行业建设主管部门颁发的计价依据和办法；

（3）建设工程建设文件；

（4）与建设工程项目有关的标准、规范、技术资料；

（5）招标文件及其补充通知、答疑纪要；

（6）施工现场情况、工程特点及常规施工方案；

（7）其他相关资料。

（二）分部分项工程量清单

《计价规范》关于分部分项工程量清单的条文共 2 条，均为强制性条文。它规定了组成分部分项工程量清单的 5 个要件，即项目编码、项目名称、项目特征、计量单位和工程量计算规则。

（三）其他项目清单

其他项目清单宜按照下列内容列项。

1. 暂列金额

招标人在工程量清单中暂定并包括在合同价款中的一笔款项。用于施工合同签订尚未确定或者不可预见的所需材料、设备、服务的采购，施工中可能发生的工程变更，合同约定调整因素出现时的工程价款调整及发生的索赔，现场签证确认等的费用。

暂列金额包括在合同价款中，是由发包人暂定并掌握使用的一笔款项，并不直接属于承包人所有。

2. 暂估价

招标人在工程量清单中提供的用于支付必然发生但暂时不能确定价格的材料的单价以及专业工程的金额，包括材料暂估单价、专业工程暂估价。

3. 计日工

在施工过程中，完成发包人提出的施工图纸以外的零星项目或工作，按合同中约定的综合单价计价。"计日工"的数量按完成发包人发出的计日工指令的数量确定。

4. 总承包服务费

总承包人为配合协调发包人进行的工程分包，对自行采购的设备、材料等进行管理、服务，以及施工现场管理、竣工资料汇总整理等服务所需的费用。

出现未列的项目，应根据工程实际情况补充。

（四）规费项目清单

规费项目清单应按下列内容列项。

（1）工程排污费；

（2）工程定额测定费；

（3）社会保障费（包括养老保险费、失业保险费、医疗保险费）；

（4）住房公积金；

（5）危险作业意外伤害保险。

出现未列的项目，应根据省级政府或省级相关部门的规定列项。

（五）税金项目清单

税金项目清单应包括下列内容。

（1）增值税；

（2）城市维护建设税；

（3）教育附加费；

（4）地方教育附加。

出现未列的项目，应根据税务部门的规定列项。

■ 三、招标控制价和投标报价认知

（一）招标控制价

招标控制价指招标人根据国家或省级、行业建设主管部门颁发的有关计价依据和办法，以及拟订的招标文件和招标工程量清单，编制的招标工程的最高限价。

（1）招标控制价应根据下列依据编制与复核。

①《计价规范》；

②国家或省级、行业建设主管部门颁发的计价定额和计价办法；

③建设工程设计文件及相关资料；

④拟订的招标文件及招标工程量清单；

⑤与建设项目相关的标准、规范、技术资料；

⑥施工现场情况、工程特点及常规施工方案；

⑦工程造价管理机构发布的工程造价信息；工程造价信息没有发布的，参照市场价；

⑧其他的相关资料。

（2）国有资金投资的建设工程招标，招标人必须编制招标控制价（强制性条文）。

（3）招标控制价按照《计价规范》的规定编制，不应上调或下浮，《建设工程质量管理条例》第十条规定"建设工程发包单位不得迫使承包方以低于成本的价格竞标"，所以不得对所编制的招标控制价进行上浮或下调。

（二）投标报价

《计价规范》关于投标报价的条文共 2 节 13 条，在 2008 年计价规范的基础上，新增加了 2 条，修改了 5 条，保留了 6 条。其中强制性条文 2 条。其主要规定了投标报价的编制原则、编制依据、编制与复核内容。投标人必须按照招标工程量清单填报价格。项目编码、项目名称、项目特征、计量单位工程量必须与招标工程量清单一致（强制性条文）。实行清单招标，招标人在招标文件中提供工程量清单，其目的是使各投标人在投标报价中具有共同的竞争平台。因此，要求投标人在投标报价中填写的工程量清单的项目编码、项目名称、项目特征、计量单位、工程数量必须与招标人招标文件中提供的一致，否则按废标处理。

1．投标报价编制的依据

（1）《计价规范》。

（2）国家或省级行业建设主管部门颁发的计价办法。

（3）企业定额、国家或省级行业建设主管部门颁发的计价定额。

（4）招标文件、工程量清单及其补充通知、答疑纪要。

（5）建筑工程设计文件及相关资料。

（6）施工现场情况、工程特点及拟订的投标施工组织设计或施工方案。

（7）与建设项目相关的标准 151、规范等技术资料。

（8）市场价格信息或工程造价管理机构发布的工程造价信息。

（9）其他的相关资料。

2．投标人自主决定报价应遵循的原则

（1）遵守有关规范标准和建设工程设计文件的要求。

（2）遵守国家或省级行政建设主管部门及其工程造价管理机构制定的有关工程造价政策要求。

（3）遵守招标文件的有关投标报价的要求。

（4）遵守投标报价不得低于成本的要求。

3．投标总价

投标总价应当与工程量清单构成的分部分项工程费、措施项目费、其他项目费和规费、税金的合计金额一致。

在进行工程量清单招标的投标报价时，不能进行投标总价优惠（或降价、让利），投标人对招标人的任何优惠（或降价、让利）均应反映在相应清单项目的综合单价中。

4. 分部分项工程费

分部分项工程费应依据《计价规范》中综合单价的组成内容，按招标文件中分部分项工程量清单项目的特征描述确定综合单价的计算。

综合单价指完成一个规定计量单位的分部分项工程量清单项目或措施清单项目所需的人工费、材料费、施工机械使用费和企业管理费与利润，以及一定范围内的风险费用。

综合单价中应考虑招标文件中要求投标人承担的风险费用。由于工程建设周期长，在工程施工中影响工程施工及工程造价的风险因素很多，有的风险是承包人无法预测和控制的。从市场交易的公平性和工程施工过程、承包双方权责的对等性考虑，发、承包双方应合理分摊（或分担）风险，所以要求招标人在招标文件中禁止采用所有风险或类似的语句规定投标人应承担的风险内容及其风险范围或风险幅度。此项在《计价规范》招标控制价中有明确表述。投标人应完全承担的风险是技术风险和管理风险，如管理费和利润，应有限度地承担市场风险如材料价格、施工机械使用费等，应完全不承担法律、法规、法章和政策变化的风险。因此，人工费不宜纳入风险，材料价格的风险宜控制在 5% 以内，施工机械使用费的风险可控制在 10% 以内，超过者予以调整，管理费和利润的风险由投标人全部承担。

分部分项工程费用计算方法如下：

$$分部分项工程费用 = \Sigma 分部分项清单工程量 \times 综合单价$$

$$分部分项工程费用 = \Sigma 计价定额工程量 \times 计价定额基价$$

$$综合单价 = \frac{计价定额工程量 \times 计价定额基价}{分部分项清单工程量}$$

$$计价定额基价 = 计价定额人工费 + 计价定额材料费 + 计价定额施工机械使用费 + 企业管理费 + 利润$$

$$计价定额人工费 = \Sigma 人工工日 \times 工资单价$$

$$计价定额材料费 = \Sigma 材料消耗费 \times 材料单价$$

$$计价定额施工机械使用费 = \Sigma 机械台班消耗量 \times 台班单价$$

$$企业管理费 = 取费基数 \times 管理费费率$$

$$利润 = 取费基数 \times 利润率$$

招标文件中提供了暂估的单价计入综合单价。暂估价不得变动和更改。暂估价中的材料必须按照暂估单价计入综合单价。

5. 措施项目费

措施项目清单计价应根据拟建工程的施工组织设计，将可以计算工程量的措施项目计算包括除规费、税金外的全部费用。

措施项目清单中安全文明施工费应按照国家或省级行业建设主管部门的规定计价，不得作为竞争性费用（强制性条文）。

投标人可根据工程实际情况结合施工组织设计，对招标人所立的措施项目清单进行增补。

措施项目费应根据招标文件中的措施项目清单及投标时拟订的施工组织设计或施工方案按照规定自主确定。其中，安全文明施工费应按照规范的规定确定。

由于各投标人拥有的施工装备、技术水平和采用的施工方法有所差异，招标人提出措施项目清单是根据一般情况确定的，没有考虑不同投标人的不同情况，投标人投标时可根据自身编制的投标施工组织设计（或施工方案）确定措施项目，并可对招标人提供的措施项目进行调整，但应通过评标委员会的评审。

措施项目费计算包括以下内容：

（1）措施项目的内容应根据招标人提供的措施项目清单和投标人投标时拟订的施工组织设计或施工方案。

（2）措施项目费的计价方式应根据招标文件的规定，凡可以精确计量的措施清单项目采用综合单价方式报价，其余的措施清单项目采用以"项"为计量单位的方式报价。

（3）措施项目费的确定原则是由投标人自主确定，但其中安全文明施工费应按国家或省级行业建设主管部门的规定确定。

6. 其他项目费

其他项目费应按下列规定报价：

（1）暂列金额必须按照其他项目清单中确定的金额填写，不得变动。

（2）暂估价不得变动和更改。暂估价中的材料必须按照暂估单价计入综合单价；专业工程暂估价必须按照其他工程项目清单中确定的金额填写。

（3）计日工的费用必须按照其他项目清单列出的项目和估算的数量，由投标人自主确定各项单价并计算和填写人工、材料、机械使用费。

（4）总承包服务费由投标人依据招标人在招标文件中列出的分包专业工程内容和供应材料、设备情况，按照招标人提出协调、配合与服务要求和施工现场管理需要自主确定总承包服务费。

招标人在工程量清单中提供了暂估价的材料和专业工程属于依法必须招标的，由承包人和招标人共同通过招标确定材料单价与专业工程报价。若材料不属于依法必须招标的，经发、承包双方协调确定价格后计价。若专业工程不属于依法必须招标的，经发包人、总承包人与分包人按有关计价依据进行计价。

7. 规费和税金

规费和税金应按照国家或省级行业建设主管部门的规定计算，不得作为竞争性费用。

规费和税金的计取标准是依据有关法律、法规和政策规定指定的，具有强制性。

四、《房屋建筑和装饰工程工程量计算规范》认知

（一）概述

《房屋建筑与装饰工程工程量计算规范》（GB 500854—2013）（以下简称《计算规范》）适用房屋建筑与装饰工程施工发、承包计价活动中的工程量清单编制和工程量计算。制

定规范的目的是规范工程造价计量行为，统一房屋建筑与装饰工程工程量清单的编制项目设置和计量规则。

（二）分部分项工程

（1）分部分项工程量清单应包括项目编码、项目名称、项目特征、计量单位和工程量（强制性规定）。这五个要件在分部分项工程量清单的组成中缺一不可。

（2）分部分项工程量清单应根据《计算规范》附录规定的项目编码、项目名称、项目特征、计量单位和工程量计算规则进行编制（强制性条文）。这是分部分项工程量清单各构成要件的编制依据，主要体现了对分部分项工程量清单内容规范管理的要求。

（3）分部分项工程量清单的项目编码，应采用十二位阿拉伯数字表示，一至九位应按《计算规范》附录的规定设置，十至十二位应根据拟建工程的工程量清单项目名称设置。

①各位数字的含义：一、二位为专业工程代码（01 房屋建筑与装饰工程；02 仿古建筑工程；03 通用安装工程；04 市政工程；05 园林绿化工程；06 矿山工程；07 构筑物工程；08 城市轨道交通工程；09 爆破工程。以后进入国标的专业工程代码以此类推）；三、四位为附录分类顺序码；五、六位为分部工程顺序码；七、八、九位为分项工程项目名称顺序码；十至十二位为清单项目名称顺序码，如图 1-1-1 所示。

例如：010401003002 实心砖墙

01：房屋建筑与装饰工程

04：附录 D 砌筑工程

01：第一分部砖砌体

003：第三项清单实心砖墙。

002：在本工程中为第 2 个实心砖墙项目。

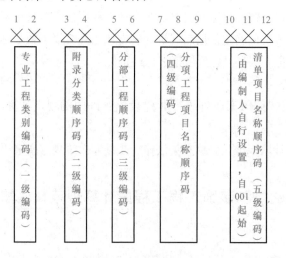

图 1-1-1　分部分项工程量清单的项目编码

②当同一标段（或合同段）的一份工程量清单中含有多个单位工程且工程量清单是以单位工程为编制对象时，在编制工程量清单时应特别注意项目编码十至十二位的设置不得有重码的规定。例如一个标段（或合同段）的工程量单中含有三个单位工程，每一单位工程中都有项目特征相同的实心砖墙砌体，在工程量清单中又需反映三个不同单位工程的实心砖墙砌体工程量时，则第一个单位工程的实心砖墙的项目编码应为010401003001，第二个单位工程的实心砖墙的项目编码应为010401003002，第三个单位工程的实心砖墙的项目编码应为010401003003，分别列出各单位工程实心砖墙的工程量。

（4）分部分项工程量清单的项目名称应按《计算规范》附录的项目名称结合拟建工程的实际确定。

（5）分部分项工程量清单的项目特征应按《计算规范》附录中规定的项目特征，结合拟建工程项目的实际予以描述。工程量清单的项目特征是确定一个清单项目综合单价不可缺少的重要依据，在编制工程量清单时，必须对项目特征进行准确和全面的描述。但有些项目特征用文字往往又难以准确和全面地描述清楚。因此，达到规范、简捷、准确、全面描述项目特征的要求，在描述工程量清单项目特征时应按以下原则进行。

①项目特征描述的内容应按《计算规范》附录中的规定，结合拟建工程的实际，能满足确定综合单价的需要；

②若采用标准图集或施工图纸能够全部或部分满足项目特征描述的要求，项目特征描述可直接采用详见××图集或××图号的方式。对不能满足项目特征描述要求的部分，仍应用文字描述。

（6）分部分项工程量清单中所列工程量应按《计算规范》附录中规定的工程量计算规则计算。

（7）分部分项工程量清单的计量单位应按《计算规范》附录中规定的计量单位确定。

（8）《计算规范》附录中有两个或两个以上计量单位的，结合拟建工程项目的实际情况，选择其中一个确定。在同一个建设项目（或标段、合同段）中，有多个单位工程的相同项目计量单位必须保持一致。

（9）工程计量时每一项目汇总的有效位数应遵守下列规定。

①以"t"为单位，应保留小数点后三位数字，第四位小数四舍五入；

②以"m、m²、m³、kg"为单位，应保留小数点后两位数字，第三位小数四舍五入；

③以"个、件、根、组、系统"为单位，应取整数。

（10）编制工程量清单出现《计算规范》附录中未包括的项目，编制人应做补充，并报省级或行业工程造价管理机构备案，省级或行业工程造价管理机构应汇总报住房和城乡建设部标准定额研究所备案。补充项目的编码由《计算规范》的代码01与B和三位阿拉伯数字组成，并应从01B001起顺序编制，同一招标工程的项目不得重码。工程量清单中需附有补充项目的名称、项目特征、计量单位、工程量计算规则、工程内容。

■ 五、任务练习

详见学生工作页。

学生工作页

模块名称	建筑工程造价基础理论		
课题名称	清单计价规范		
学生姓名		所在班级	
所学专业		完成任务时间	
指导老师		完成任务日期	

一、任务描述
1. 复习编制工程量清单的依据
2. 复习工程量清单的内容
3. 复习分部分项工程量清单的项目编码

二、任务解答
1. 请写出编制工程量清单的依据
_____
_____

2. 请写出工程量清单包括的内容
_____
_____
_____

3. 请写出分部分项工程量清单项目编码的方法
_____
_____
_____

4. 请写出描述工程量清单项目特征的原则
_____
_____
_____

三、体会与总结

四、指导老师评价意见

指导老师签字：
日期：

任务二　建筑工程定额

知识目标

1. 了解建筑工程定额、施工定额概念及作用；
2. 熟悉预算定额基础单价的确定方法，掌握计价表的组成。

技能目标

1. 能确定预算定额基础单价；
2. 能应用计价表，能进行定额换算。

素质目标

1. 遵守相关法律法规、标准和管理规定；
2. 具有严谨的工作作风、较强的责任心和科学的工作态度；
3. 爱岗敬业，严谨务实，团结协作，具有良好的职业操守。

一、建筑工程定额概述

（一）建筑工程定额的概念

建筑工程定额是指在一定的施工条件下，完成规定计量单位合格产品所消耗的人工、材料和施工机械台班的数量标准。

据《缉古算经》等书记载，我国唐代就已有夯筑城台的用工定额——功。公元1100 年，北宋著名土木建筑家李诫所著《营造法式》一书，包括了释名、工作制度、功限、料例、图样五部分。其中，"功限"就是各工种计算用工量的规定，即现在所说的劳动定额；"料例"就是各工种计算材料用量的规定，即现在所说的材料消耗定额。该书实际上是官府颁布的建筑规范和定额，它汇集了北宋以前的技术精华，吸取了历代工匠的经验，对控制供料消耗、加强设计监督和施工管理起到了很大的作用，故该书沿用到明清时期。清工部《工程做法则例》是中国建筑史学界的另一部重要的"文法课本"，清代为加强建筑业的管理，于雍正十二年（1734 年）由工部编订并刊行成书，作为算工算料的规范一直引用至今。

（二）建筑工程定额的分类

建筑工程定额的种类很多，主要有以下几大类。

1. 按生产要素分

建筑工程定额按生产要素分为劳动消耗定额、材料消耗定额和机械台班使用定额。

这三种定额总称为施工定额。

2. 按定额的编制程序和用途分

建筑工程定额按定额的编制程序和用途也可以分为施工定额、预算定额、概算定额、概算指标、投标估算五种。

（1）施工定额：它由劳动定额、机械定额和材料定额三个相对独立的部分组成。

（2）预算定额：这是在编制施工图预算时，计算工程造价和计算工程中人工工日、机械台班、材料需要量使用的定额。

（3）概算定额：这是编制扩大初步设计概算时，计算和确定工程概算使用的定额。

（4）概算指标：它是在三阶段设计的初步设计阶段，编制工程概算、计算和确定工程初步设计概算时所采用的定额。

（5）投资估算指标：它是在编制项目建议书可行性研究报告和编制设计任务书阶段进行投资估算、计算投资需要量时使用的定额。

3. 按定额的主编单位和管理权限分

建设工程定额按定额的主编单位和管理权限分可分为全国统一定额、行业统一定额、地区统一定额、企业定额和补充定额五种。

（1）全国统一定额：它是由国家住房和城乡建设部综合全国工程建设中技术和施工组织管理的情况编制，并在全国范围内执行的定额，如《房屋建筑与装饰工程消耗量定额》《计价规范》。

（2）行业统一定额：它是考虑到各行业部门专业工程技术特点，以及施工生产和管理水平编制的，一般只在本行业和相同专业性质的范围内使用的专业定额，如《矿井建设工程定额》《铁路建设工程定额》。

（3）地区统一定额：它包括省、自治区、直辖市定额。地区统一定额主要是考虑地区性特点和全国统一定额水平做适当调整补充编制的，如《江苏省建筑与装饰工程计价表》。

（4）企业定额：它是指由施工企业考虑本企业具体情况，参照国家、部门和地区定额的水平制定的定额。企业定额只在企业内部使用，是企业素质的一个标志。企业定额水平一般应高于国家现行定额，才能满足生产技术发展、企业管理和市场竞争的需要。

（5）补充定额：它是指随着设计、施工技术的发展、现行定额不能满足需要的情况下，为了补充缺项所编制的定额。补充定额只能在指定的范围内使用，可以作为修订定额的基础。

（三）建筑工程定额的特征

1. 科学性和系统性

科学性和系统性表现在用科学的态度制定定额，在研究客观规律的基础上，采用可靠的数据，用科学的方法编制定额，利用现代科学管理的成就形成一套系统的、行之有效的、完整的方法。

2. 法令性和权威性

法令性和权威性表现在定额一经国家或授权机构批准颁发，在其执行范围内必须严格遵守和执行，不得随意变更，以保证全国或地区范围内有一个统一的核算尺度。

3. 群众性和先进性

群众性和先进性表现在群众是生产消费的直接参加者，通过科学的方法和手段对群众中的先进生产经验和操作方法进行系统分析，从实际出发，确定先进的定额水平。

4. 稳定性和实效性

稳定性和实效性表现在定额的相对稳定是法令性所必需的，也是更有效执行定额所必需的。然而任何一种定额仅能反映一定时期的生产力水平，当生产力水平向前发展许多时，新的定额就将问世了。所以，从一个长期的过程看，定额是不断变化的，具有一定的时效性。

5. 统一性和区域性

统一性和区域性表现在为了使国家经济能按既定目标发展，定额必须在全国或某地区范围内是统一的。只有这样，才能用一个统一的标准对经济活动进行决策并做出科学合理的分析与评价。

■ 二、施工定额

（一）施工定额的概念

施工定额是以同一性质的施工过程或工序为制定对象，在正常施工条件下，确定完成一定计量单位质量合格的某一施工过程或工序所需人工、材料和机械台班消耗的数量标准。

（二）施工定额的作用

施工定额的作用如下。

（1）施工定额是企业编制施工组织设计和施工作业计划的依据。

（2）施工定额是项目经理向施工班组签发施工任务单和限额领料单的基本依据。

（3）施工定额是推广先进技术、提高生产率、计算劳动报酬的依据。

（4）施工定额是编制施工预算，加强企业成本管理和经济核算的基础。

（5）施工定额是编制预算定额的基础。

（三）施工定额的组成

施工定额由劳动定额、材料消耗定额、施工机械台班定额三个相对独立的部分组成。

1. 劳动定额概述

（1）概念。劳动定额也称人工定额，是指在正常施工条件下，生产一定计量单位质量合格的建筑产品所需的劳动消耗量标准。

（2）表现形式。劳动定额按其表现形式和用途不同，可分为时间定额和产量定额。

①时间定额。时间定额是指某种专业的工人班组或个人，在正常施工条件下，完成一定计量单位质量合格产品所需消耗的工作时间。

时间定额的计量单位一般以完成单位产品（如 m³、m²、m、t、个等）所消耗的工日来表示，每工日按 8 h 计算。计算公式如下：

单位产品时间定额（工日）＝需要消耗的工日数／生产的产品数量

②产量定额。产量定额是指某种专业的工人班组或个人，在正常施工条件下，单位时间（一个工日）完成合格产品的数量。

产品数量的计量单位有 m³/工日、t/工日、m²/工日等。计算公式如下：

单位产品产量定额＝生产的产品数量／消耗工日数

③时间定额与产量定额的关系。时间定额与产量定额互为倒数，即

时间定额 × 产量定额 ＝ 1

例如，时间定额：挖 1 m³ 基础土方需 0.333 工日。

产量定额：每工日综合可挖土 1/0.333 ＝ 3.00（m³）。

（3）定额时间分析。工人在工作班内消耗的工作时间，按其消耗的性质分为必需消耗的工作时间（定额时间）和损失时间（非定额时间），见表 1-2-1。

表 1-2-1　工人工作时间分类表

时间性质		时间分类构成
工人全部工作时间	必需消耗的工作时间	有效时间
		基本工作时间
		辅助工作时间
		准备与结束工作时间
	不可避免的中断时间	不可避免的中断时间
	休息时间	休息时间
	损失时间	多余和偶然工作时间
		多余工作的工作时间
		偶然工作的工作时间
	停工时间	施工本身造成的停工时间
		非施工本身造成的停工时间
	违背劳动纪律损失的时间	违背劳动纪律损失的时间

①必需消耗的工作时间：它是工人在正常施工条件下，为完成一定数量合格产品所必需消耗的时间。这部分时间属定额时间，包括有效工作时间、不可避免的中断时间、休息时间，是制定定额的主要依据。

②损失时间：它是指与产品生产无关，而和施工组织、技术上的缺陷有关，与工人在施工过程中的个人过失或某些偶然因素有关的 时间消耗，包括多余和偶然工作时间、停工时间、违背劳动纪律而造成的工时损失。

（4）劳动定额的确定方法。确定劳动定额的工作时间通常采用技术测定法、经验估计法、统计分析法和比较类推法。

①技术测定法。技术测定法是根据先进合理的生产技术、操作工艺和正常施工条件对施工过程中的具体活动进行实地观察，详细记录施工过程中工人和机械的工作时间消耗、完成产品的数量及有关影响因素，将记录结果加以整理，客观地分析各种因素对产

品的工作时间消耗的影响，获得各个项目的时间消耗资料，通过分析计算来确定劳动定额的方法。这种方法准确性和科学性较高，是制定新定额和典型定额的主要方法。

技术测定通常采用的方法有测时法、写实记录法、工作日写实法及简单测定法。

②经验估计法：经验估计法是根据有经验的工人、技术人员和定额专业人员的实践经验，参照有关资料，通过座谈讨论、反复平衡来制定定额的一种方法。

③统计分析法：统计分析法是根据过去一定时间内，实际生产中的工时消耗量和产品数量的统计资料或原始记录，经过整理并结合当前的技术、组织条件进行分析研究来制定定额的方法。

④比较类推法：比较类推法也称典型定额法，它是以同类型工序、同类型产品的典型定额项目水平为标准，经过分析比较，类推出同一组定额中相邻项目定额水平的一种方法。

（5）劳动定额的应用。时间定额和产量定额虽是同一劳动定额的两种表现形式，但作用不同，应用中也就有所不同。

时间定额以工日为单位，便于统计总工日数、核算工人工资、编制进度计划；产量定额以产品数量的计量单位为单位，便于施工小组分配任务、签发施工任务单、考核工人的劳动生产率。

【例 1-2-1】某工程需施工 60 m³ 的砖基础，每天有 20 名专业工人投入施工，时间定额为 0.8 工日 /m³。试计算完成该工程所需的定额施工天数。

【解】完成该砖基础工程的总工日数 $= 60 \times 0.8 = 48$（工日）

完成该工程所需施工天数 $= 48/20 = 2.4$（天）

【例 1-2-2】某抹灰班组有 20 名工人，抹某住宅楼混合砂浆墙面，施工 10 天完成任务，已知产量定额为 12.6 m²/ 工日。试计算抹灰班组应完成的抹灰面积。

【解】20 名工人施工 10 天的总工日数 $= 20 \times 10 = 200$（工日）

班组应完成的抹灰面积 $= 12.6 \times 200 = 2\,520$（m²）

2. 材料消耗定额概述

（1）概念。材料消耗定额是指在正常施工条件下，完成单位合格产品所需消耗的一定品种、规格的建筑材料（包括半成品、燃料、配件等）的数量。

（2）表现形式。根据材料消耗的情况，可将材料分为实体性消耗材料和周转性消耗材料。它们的使用和计算及在计价中的地位大不相同。

①实体性消耗材料分为必需消耗的损失材料。必需消耗的材料包括直接用于建筑工程的材料（材料净用量）、不可避免的施工废料和材料损耗（材料损耗量）。

$$材料定额耗用量 = 材料净用量 + 材料损耗量$$

$$材料损耗量 = 材料净用量 \times 材料损耗率$$

材料的损耗率通过观测和统计得到。

②周转性消耗材料是在指在施工过程中不是一次性消耗掉，而是能多次使用并基本上保持原来形态，经多次周转使用逐步消耗尽的材料。代表性的周转性材料有模板、脚

手架、钢板桩等。周转性材料的计算按一次摊销的数量，即摊销量计算。

周转性材料消耗定额一般与一次性使用量、损耗率、周转次数、回收量、周转使用量有关。周转性材料消耗指标一般用一次性使用量和摊销量表示。

（3）实体性材料消耗定额制定方法。

①观测法：观测法又称现场测定法，是对施工过程中实际完成产品的数量与所消耗的各种材料数量进行现场观测、计算而确定各种材料消耗定额的一种方法。观测法常用来测定材料的净用量和损耗量。

②实验法：实验法是在实验室内通过专门的实验仪器设备，制定材料消耗定额的一种方法。由于实验具有比施工现场更好的工作条件，可更深入细致地研究各种因素对材料消耗的影响，故实验法主要用来测定材料的净用量。

③统计法：统计法是根据施工过程中材料的发放和退回数量，即完成产品数量的统计资料进行分析计算，以确定材料消耗定额的方法。统计法简便易行，容易掌握，适用范围广，但准确性不高，常用来测定材料的损耗率。

④计算法：计算法也称理论计算法，是通过对工程结构、图纸要求、材料规格和特性、施工规范及施工方法等进行研究，用理论计算拟定材料消耗定额的一种方法，适用于块料、油毡、玻璃、钢材等块体类材料。

3. 施工机械台班定额概述

（1）概念。施工机械台班定额又称施工机械使用定额，是指在正常施工生产和合理使用施工机械条件下，完成单位合格产品所必需消耗的某种施工机械的工作时间标准。其计量单位以台班表示，每个台班按 8 h 计算。

（2）表现形式。与劳动定额类似，施工机械台班定额也分为时间定额和产量定额两种。

①机械时间定额：机械时间定额是指在正常施工条件下，某种机械生产单位合格产品所消耗的机械台班数量。计算公式如下：

$$机械时间定额 = \frac{1}{机械台班产量定额}$$

配合机械的工人小组人工时间定额计算公式如下：

$$人工时间定额 = \frac{台班内小组成员工日数}{机械台班产量定额}$$

②机械台班产量定额：机械台班产量定额是指在合理的施工组织和正常施工条件下，某种机械在每台班内完成质量合格的产品数量。计算公式如下：

$$机械台班产量定额 = \frac{1}{机械时间定额}$$

$$机械台班产量定额 = \frac{台班内小组成员工日数}{人工时间定额}$$

（3）施工机械台班定额的编制。

①循环动作机械台班定额。

a. 选择合理的施工单位、工人班组、工作地点、施工组织。

b. 确定机械纯工作 1 h 的正常生产率。

$$机械纯工作 1 h 的正常循环次数 = 3\ 600\ s/ 一次循环的正常延续时间$$

$$机械纯工作 1 h 的正常生产率 = 机械纯工作 1 h 的正常循环次数 \times$$
$$一次循环生产的产品数量$$

c. 确定施工机械的正常利用系数：施工机械的正常利用系数是指机械在一个工作班的净工作时间与每班法定工作时间之比，考虑它是将计算的纯工作时间转化为定额时间。

$$机械的正常利用系数 = 机械在一个工作班内纯工作时间/一个工作班延续时间（8 h）$$

d. 施工机械台班定额。

$$施工机械台班定额 = 机械纯工作 1 h 正常生产率 \times 工作班延续时间$$
$$\times 机械正常利用系数$$

【例 1-2-3】 某台混凝土搅拌机一次延续时间为 120 s（包括上料、搅拌、出料），一次生产混凝土 $0.45\ m^3$，一个工作班的纯工作时间为 5 h，计算该搅拌机产量定额。

【解】 搅拌机纯工作 1 h 正常循环次数 = 3 600/120 = 30（次）

搅拌机纯工作 1 h 正常生产率 = $30 \times 0.45 = 13.5$（m^3）

搅拌机正常利用系数 = 5/8 = 0.625

搅拌机产量定额 = $13.5 \times 8 \times 0.625 = 67.5$（$m^3$/台班）

②非循环动作机械台班定额。

a. 选择合理的施工单位、工人班组、工作地点、施工组织。

b. 确定机械纯工作 1 h 的正常生产率。

$$机械纯工作 1 h 的正常生产率 = \frac{工作时间内完成的产品数量}{工作时间（h）}$$

c. 确定施工机械的正常利用系数

$$机械的正常利用系数 = \frac{机械在一个工作班内纯工作时间}{一个工作班延续时间（8 h）}$$

d. 施工机械台班定额

$$施工机械台班定额 = 机械纯工作 1 h 正常生产率 \times 工作班延续时间 \times$$
$$机械正常利用系数$$

三、预算定额

（一）预算定额概述

1. 概念

预算定额是指在正常施工生产条件下，在社会平均生产的基础上，完成一定计量单位的分部分项工程或结构构件所消耗的人工、材料和施工机械台班的数量标准。

2. 作用

（1）预算定额是编制工程标底、招标工程结算审核的指导。

（2）预算定额是工程投标报价、企业内部核算、制定企业定额的参考。

（3）预算定额是一般工程（依法不招标工程）编制审核工程预结算的依据。

（4）预算定额是编制建筑工程概算定额的依据。

（5）预算定额是建设行政主管部门调解工程造价纠纷、合理确定工程造价的依据。

3. 编制原则

（1）平均合理：所谓平均合理，就是在现有社会正常生产条件下，按照社会平均劳动熟练程度和劳动强度来确定预算定额水平。

（2）简明适用：简明适用是指预算定额应具有可操作性，便于掌握，有利于简化工程造价的计算工作和开发应用计算机的计价软件。

（3）技术先进：技术先进是指定额项目的确定、施工方法和材料的选择等，能够正确反映建筑技术水平，及时采用已经成熟并得到普遍推广的新技术、新材料、新工艺，以促进生产水平的提高和建筑技术水平的进一步发展。

（二）预算定额中消耗量的确定

1. 人工工日消耗量的确定

预算定额中的人工工日消耗量是指完成某一计量单位的分项工程或结构构件所需的各种用工量总和。定额人工工日不分工种、技术等级一律以综合工日表示，其内容包括基本用工、其他用工和人工幅度差。

（1）基本用工：指完成单位合格产品所必需消耗的技术工种用工。其计算公式如下：

$$基本用工＝\sum（综合取定的工程量 \times 劳动定额）$$

（2）其他用工：通常包括以下两项用工。

①超运距用工。它是指预算定额规定的材料、成品、半成品等运距超过劳动定额规定的运距应增加的用工量。计算时先求出每种材料的超运距，然后在此基础上根据劳动定额计算超运距用工。

劳动定额综合按 50 m 运距考虑，如预算定额是按 150 m 考虑的，则增加的 100 m 运距用工就是在预算定额中有而劳动定额没有的。其计算公式如下：

$$超运距用工＝\sum（超运距材料数量 \times 超运距劳动定额）$$

②辅助用工。它是指劳动定额中未包括的各种辅助工序用工。例如砂，市场上购买的砂往往不合要求，根据规定需对其进行筛砂处理，在预算定额中就增加了这类情况下的用工。其计算公式如下：

$$辅助用工＝\sum（材料加工数量 \times 相应的加工劳动定额）$$

因此，其他用工的计算公式为

$$其他用工＝超运距用工＋辅助用工$$

（3）人工幅度差：指在劳动定额中未包括而在正常情况下不可避免但又很难准确的用工和各种工时损失。

其内容如下：

①各工种间的工序搭接及交叉作业互相配合或影响所发生的停歇用工；

②施工机械在单位工程之间转移及临时水电线路移动所造成的停工；

③质量检查和隐藏工程验收工作的影响；

④同一现场内单位工程之间班组操作地点转移用工；

⑤工序交接时对前一工序不可避免的修整用工；

⑥施工中不可避免的其他零星用工。

人工幅度差用工的计算公式如下：

$$人工幅度差用工＝（基本用工＋其他用工）×人工幅度差系数$$

人工幅度差系数一般为 10%～15%。

综上所述，预算定额人工工日消耗量的计算公式如下：

$$人工工日消耗量＝基本用工＋其他用工＋人工幅度差用工$$

2. 材料消耗量的确定

预算定额中的材料分为实体性消耗材料和周转性消耗材料。

与施工定额相似，实体性材料消耗量也是净用量加损耗量，损耗量还是采用净用量乘以损耗率获得，计算的方式和施工定额完全相同，唯一可能存在差异的是损耗率的大小，施工定额是平均先进水平，损耗率较低；预算定额是平均合理水平，损耗率稍高。

周转性消耗材料的计算方法也与施工定额相同，存在差异的一是损耗率（制作损耗率、周转消耗率）；二是周转次数。

在实际工作中，由于这两种定额的材料消耗量的确定区别很小，故可以认为这两种定额的材料消耗量的确定方法是一样的。

3. 机械台班消耗量的确定

（1）概念。预算定额中的机械台班消耗量是指在正常施工条件下，产生单位合格产品必需消耗的某类某种型号施工机械的台班数量。其确定在劳动定额或施工定额中相应项目的机械台班消耗量基础上再考虑增加一定的机械幅度差。

（2）机械幅度差。指在劳动定额或施工定额所规定的范围内没有包括，但在实际施工中又不可避免产生影响机械效率或使机械停歇的时间。其内容如下：

①正常施工组织条件下不可避免的机械空转时间；

②施工技术原因的中断及合理停止时间；

③因供电供水故障及水电线路移动检修而产生的运转中断时间；

④因气候变化或机械本身故障影响工时利用的时间；

⑤施工机械转移及配套机械相互影响损失的时间；

⑥配合机械施工的工人因与其他工种交叉造成的停歇时间；

⑦因检查工程质量造成的机械停歇的时间；

⑧工程收尾和工作量不饱满造成的机械时间间歇时间等。

（3）机械幅度差台班计算公式如下：

$$机械幅度差台班＝基本机械台班×（1＋机械幅度差系数）$$

大型机械幅度差系数：土方机械 25%，打桩机械 33%，吊装机械 30%。垂直运输用的塔式起重机、卷扬机及砂浆、混凝土搅拌机由于按小组分配，以小组产量计算机械台班产量，不另增加机械幅度差。其他部分工程中如打桩、钢筋加工、木材、水磨石等各项专用机械的幅度差为10%。

（三）预算定额中基础单价的确定

1. 人工工日单价的确定

人工工日单价是指一个建筑工人一个工作日在预算中应计入的全部人工费用。现行生产工人的工资单价由基本工资、工资性补贴、辅助工资、职工福利费、生产工人劳动保护费五项费用构成。

（1）基本工资。基本工资指发放给生产工人的基本工资。生产工人基本工资应执行岗位工资和技能工作工资制度。

（2）工资性补贴。工资性补贴指为了补偿生产工人额外或特殊的劳动消耗及为了保证工人的工资水平不受特殊条件影响，而以补贴形式支付工人的劳动报酬，包括按规定标准发放的物价补贴，煤、燃气补贴，交通补贴，住房补贴，流动施工单位津贴等。

（3）辅助工资。辅助工资指生产工人年有效施工天数以外非作业天数的工资，包括职工学习、培训期间的工资，调动工作、探亲、休假期间的工资，因气候影响的停工工资，女工哺乳时间的工资，病假在六个月以内的工资及产、婚、丧期间的工资。

（4）职工福利费。职工福利费指按规定标准计提的职工福利费。

（5）生产工人劳动保护费。生产工人劳动保护费指按规定标准发放的劳动保护用品的购置费及修理费、徒工服装补贴、防暑降温费、在有碍身体健康环境中施工的保健费等。

由于在工程造价管理方面长期实行的是"统一领导，分级管理"的体制，各地区的人工工资单价组成内容并不完全相同，但其中每一项内容都是根据国家和地方有关法规、政策文件的精神，结合本地的行业特点和社会经济水平，通过反复测算最终确定，由各地建设行政主管部门或其授权的工程造价管理机构以预算工资单价的形式确定计算人工费的工资单价标准。以《江苏省建筑与装饰工程计价表（2014）》为例，既考虑到市场需要，也为了便于计价，对于包工包料建筑工程：人工工资分别按一类工28.00元/工日、二类工26.00元/工日、三类工24.00元/工日进行调整后执行；家庭室内装饰执行该计价表时，人工乘以系数1.15。《江苏省建筑与装饰工程计价定额（2014）》中的一类工为85.00元/工日，二类工为82.00元/工日，三类工为77.00元/工日。

为了及时反映建筑市场劳动力使用，指导建筑单位、施工单位的工程发包承包活动，各地工程造价管理机构会定期发布建筑工种成本信息。

2. 材料预算价格的确定

材料预算价格是指材料（包括构件、成品及半成品等）从其来源地（或交货地点、供应者仓库、提货地点）到达施工工地仓库（施工地点内存放材料的地点）后出仓的综合平均价格。

在建筑工程中，材料费是分部分项工程费的主要组成部分，约占工程总价的50%～60%，金属结构工程中所占比重还要大。合理确定材料预算价格构成正确编制材料预算价格，有利于合理确定和有效控制工程造价。

（1）材料预算价格的组成：材料预算价格由材料原价、供销部门手续费、包装费、运杂费和采购及保管费组成。

①材料原价：指材料的出厂价格，或者是销售部门供应价和市场采购价格（或信息价）。

对同一种材料因来源地、交货地供货单位、生产厂家不同，而有几种价格（原价）时，根据不同来源地供货数量比例，采取加权平均的方法确定其综合原价。计算公式如下：

材料原价总值＝Σ（各次购买量 × 各次购买价）

加权平均价＝材料原价总值 / 材料总量

②供销部门手续费：对于某些特殊材料国家进行统管不允许自由买卖，必须通过特定的部门进行买卖，这些部门将在材料原价的基础上收取一定的费用，这种费用即供销部门手续费。现在建筑工程使用的绝大部分材料属于自由买卖，不需计算该项费用。

③包装费：为了便于材料运输和保护材料进行包装所发生和需要的一切费用称为包装费。

材料包装费用有两种情况：一是包装费已计入材料原价，不再另行计算；二是材料原价中未包含安装费，如需包装时包装费另行计算。但不论是哪一种情况，对周转使用的耐用包装品或生产厂为节约包装品的材料规定回收者，应合理确定周转次数，按规定从材料价格中扣回包装品的回收价值。由于供销部门手续费和包装费在目前的建筑材料中出现得较少，所以经常将上述三种费用合称为材料原价。

④运杂费：指材料自来源地运至工地仓库或指定堆放地点所发生的全部费用，包括材料由采购地点或发货地点至施工现场的仓库或工地存放地点含外埠中转运输过程中所发生的一切费用或过境过桥费。

在确定运杂费时，取费标准应根据材料的来源地、运输里程、运输方法并根据国家有关部门或地方政府交通运输部门规定的运价标准分别计算；同一品种的材料有若干个来源地，材料运杂费应加权平均。

⑤采购及保管费：指为组织采购、供应和保管材料过程中所需要的各项费用，它包括采购费、仓储费、工地保管费、仓储损耗。

采购及保管费一般按材料到仓价格（材料原价＋供销部门手续费＋包装费＋运杂费）的比率取定。江苏省规定：采购及保管费费率，建设材料一般为 2%，其中采购、保管费费率各为 1%。由建筑单位供应的材料，施工单位只收取保管费。

（2）材料预算价格的确定。

①原材料价格的确定：预算定额中原材料的价格确定就是按照四大组成部分形成的。

【例 1-2-4】 某工地水泥由甲、乙方供货，双方的水泥原价分别为 325 元 /t、320 元 /t，双方的运杂费分别为 20 元 /t、24 元 /t，双方的供货量分别为 40%、60%，材料的运输损耗率为 3%，采购保管费为 2%。包装品水泥袋 1.2 元 / 个，水泥袋回收率为60%，回收值率为 50%，计算该工地的水泥价格。

【解】水泥原价 = 325×40% + 320×60% = 322（元/t）

水泥运杂费 = 20×40% + 24×60% = 22.4（元/t）

水泥袋回收值 =（1 000/50）×1.2×60%×50% = 7.2（元/t）

水泥价格 = ［（322 + 22.4）×（1 + 3%）］×（1 + 2%）–7.2 = 354.63（元/t）

②建筑材料价格确定：建筑工程材料品种多，耗量大，各分部分项工程所需材料的品种、数量、价格都不尽相同，为便于计算工程造价，工程造价管理机构在发布材料预算价格时，需进行材料预算价格取定工作，即在一般工程材料预算价格基础上进行必要的扩大和综合。

3. 施工机械台班单价确定

正确制定施工机械台班单价是合理控制工程造价的一个重要方面。为此，建设部于2001年发布了《全国统一施工机械台班费用编制规则》，各地方据此编制了本地区使用的施工机械台班费用定额。江苏省也于2007年12月1日开始执行《江苏省施工机械台班2007年单价表》。

施工机械台班单价由七项费用组成，包括折旧费、大修理费、经常修理费、安拆费及场外运费、人工费、燃料动力费及车船使用税。

（1）折旧费：折旧费指施工机械在规定的使用年限内，陆续收回其原值及购置资金的时间价值。

（2）大修理费：大修理费指施工机械按规定的大修理间隔台班进行必要的大修理，以恢复其正常功能所需的费用。

（3）经常修理费：经常修理费指施工机械除大修理费之外的各级保养和临时故障排除所需的费用。包括为保障机械正常运转所需替换设备与随机配备工具、附件的摊销和维护费用，机械运转中日常保养所需润滑与擦拭的材料费用及机械停滞期间的维护和保养费用等。

（4）安拆费及场外运费：安拆费指施工机械在现场进行安装与拆卸所需的人工、材料、机械和试运转费用，以及机械辅助设施的折旧、搭设、拆除等费用；场外运费指施工机械整体或分体自停放地点运至施工现场，或由一施工地点运至另一施工地点的运输、装卸、辅助材料及架线等费用。

（5）人工费：人工费指机上司机（司炉）和其他操作人员的工作日人工费及上述人员在施工机械规定的年工作台以外的人工费。工作台班以外机上人员人工费，以增加机上人员的工作数形式列入定额。

（6）燃料动力费：燃料动力费是指施工机械在运转作业中所消耗的固体燃料（煤、木柴）、液体燃料（汽油、柴油）及水、电等。定额机械燃料动力消耗量，以实测的消耗量为主，以现行定额消耗量和调查的消耗量为辅的方法确定。

（7）车船使用税：车船使用税是指施工机械按国家规定和有关部门规定缴纳的车船使用税、保险费及年检费等。

车船使用税指按照国家有关规定应交纳的车船使用税，按各地具体规定标准计算后列入定额。

机械台班定额中考虑了施工中不可避免的机械停置时间和机械的技术中断原因，但特殊原因造成机械停置，可以计算停置台班费。停置台班费一般取折旧费加人工费。

应当指出，一天 24 h，工作台班最多可算 3 个台班费，但最多只能算 1 个停置台班。

（四）预算定额中企业管理费的确定

1. 简易计税方式下企业管理费的内容组成

（1）管理人员工资：是指按规定支付给管理人员的计时工资、奖金、津贴补助、加班加点工资及特殊情况下支付的工资等。

（2）办公费：是指企业管理办公用的文具、纸张、账表、印刷、邮电、书报、办公软件、监控、会议、水电、燃气、采暖、降温等费用。

（3）差旅交通费：是指职工因公出差、调动工作的差旅费、住勤补助费，市内交通费和误餐补助费，职工探亲路费，劳动力招募费，职工退休、退职一次性路费，工伤人员就医路费，工地转移费及管理部门使用的交通工具的油料、燃料等费用。

（4）固定资产使用费：是指企业及其附属单位使用的属于固定资产的房屋、设备、仪器等的折旧、大修、维修或租赁费。

（5）工具、用具使用费：是指企业施工生产和管理使用不属于固定资产的工具、器具、家具、交通工具和检验、试验、测绘、消防用具等的购置、维修和摊销费，以及支付给工人自备工具的补贴费。

（6）劳动保险和职工福利费：是指由企业支付的职工退职金、按规定支付给离休干部的经费，集体福利费、夏季防暑降温、冬季取暖补贴、上下班交通补贴等。

（7）劳动保护费：是指企业按规定发放的劳动保护用品的支出。如工作服、手套、防暑降温饮料、高危险工作工种施工作业防护补贴以及在有碍身体健康的环境中施工的保健费用等。

（8）工会经费：是指企业按《中华人民共和国工会法》规定的全部职工工资总额比例计提的工会经费。

（9）职工教育经费：是指按职工工资总额的规定比例计提，企业为职工进行专业技术和职业技能培训，专业技术人员继续教育、职工职业技能鉴定、职业资格认定以及根据需要对职工进行各类文化教育所发生的费用。

（10）财产保险费：是指企业管理用财产、车辆的保险费用。

（11）财务费：是指企业为施工生产筹集资金或提供预付款担保、履约担保、职工工资支付担保等所发生的各种费用。

（12）税金：是指企业按规定缴纳的房产税、车船使用税、土地使用税、印花税等。

（13）意外伤害保险费：是指企业为从事危险作业的建筑安装施工人员支付的意外伤害保险费。

（14）工程定位复测费：是指工程施工过程中进行全部施工测量放线和复测工作的费用。建筑物沉降观测由建设单位直接委托有资质的检测机构完成，费用由建设单位承

担，不包含在工程定位复测费中。

（15）检验试验费：是指施工企业按规定进行建筑材料、构配件等试样的制作、封样、送达和其他为保证工程质量进行的材料检验试验工作所发生的费用。其中不包括新结构、新材料的试验费，对构件（如幕墙、预制桩、门窗）做破坏性试验所发生的试样费用和根据国家标准与施工验收规范要求对材料、构配件以及建筑物工程质量检测检验发生的第三方检测费用，此类检测发生的费用，由建设单位承担，在工程建设其他费用中列入。但对施工企业提供的具有合格证明的材料进行检测不合格的，该检测费用由施工企业支付。

（16）非建设单位所为，4 h 以内的临时停水停电费用。

（17）企业技术研发费：是指建筑企业为转型升级、提高管理水平所进行的技术、科技研发，信息化建设等费用。

（18）其他：业务招待费、远地施工增加费、劳务培训费、绿化费、广告费、公证费、法律顾问费、审计费、咨询费、投标费、保险费、联防费、施工现场生活用水电费等。

2．一般计税方式下企业管理费的内容组成

一般计税方式下企业管理费的内容组成，除包括上述简易计税方式下企业管理费的18项内容以外，还包括附加税。所谓附加税是指国家税法规定的应计入建筑安装工程造价内的城市建设维护税、教育费附加及地方教育附加。

（五）企业管理费和利润的计算

1．企业管理费和利润的确定方法

建筑工程的企业管理费和利润是以人工费和（除税）施工机具使用费之和为计算基础，计取一定的费率而得的。

简易计税方法的管理费和利润取费标准见表 1-2-2，一般计税方法的管理费和利润取费标准见表 1-2-3，两者在取费基础和费率方面都存在着不同。

《江苏省建筑与装饰工程计价定额（2014）》中的企业管理费按表 1-2-2 中一般建筑工程、打桩工程的三类工程标准进行取费，利润不分工程等级按表 1-2-2 的规定计算。一、二类工程，单独发包的专业工程或采用一般计税方法计价的工程，应根据表 1-2-2 或表 1-2-3，对企业管理费和利润进行调整后计入综合单价。

表 1-2-2　建筑工程企业管理费和利润取费标准表（简易计税方法）

序号	工程名称	计算基础	企业管理费费率 /%			利润费率 /%
			一类工程	二类工程	三类工程	
一	建筑工程	人工费＋施工机具使用费	31	28	25	12
二	单独预制构件制作		15	13	11	6
三	打预制桩、单独构件吊装		11	9	7	5
四	制作兼打桩		15	13	11	7
五	大型土石方工程		6			4

表 1-2-3 建筑工程企业管理费和利润取费标准表（一般计税方法） 单位：%

序号	工程名称	计算基础	企业管理费费率			利润费率
			一类工程	二类工程	三类工程	
一	建筑工程	人工费＋施工机具使用费	32	29	26	12
二	单独预制构件制作		15	13	11	6
三	打预制桩、单独构件吊装		11	9	7	5
四	制作兼打桩		17	15	12	7
五	大型土石方工程		7			4

2. 工程类别划分

建筑工程的企业管理费和利润是以人工费和（除税）施工机具使用费之和为计算基础计取一定的费率而得的，而取费的费率在建筑工程中是与工程类别挂钩的。建筑工程类别划分标准见表 1-2-4。

表 1-2-4 建筑工程工程类别划分标准表

工程类别			单位	工程类别划分标准		
				一类	二类	三类
工业建筑	单层	檐口高度	m	≥ 20	≥ 16	< 16
		跨度	m	≥ 24	≥ 18	< 18
	多层	檐口高度	m	≥ 30	≥ 18	< 18
民用建筑	住宅	檐口高度	m	≥ 62	≥ 34	< 34
		层数	层	≥ 22	≥ 12	< 12
	公共建筑	檐口高度	m	≥ 56	≥ 30	< 30
		层数	层	≥ 18	≥ 10	< 10
构筑物	烟囱	混凝土结构高度	m	≥ 100	≥ 50	< 50
		砖结构高度	m	≥ 50	≥ 30	< 30
	水塔	高度	m	≥ 40	≥ 30	< 30
	筒仓	高度	m	≥ 30	≥ 20	< 20
	贮池	容积（单体）	m³	≥ 2 000	≥ 1 000	< 1 000
	栈桥	高度	m	—	≥ 30	< 30
		跨度	m	—	≥ 30	< 30
大型机械吊装工程		檐口高度	m	≥ 20	≥ 16	< 16
		跨度	m	≥ 24	≥ 18	< 18
大型土石方工程		单位工程挖或填土（石）方容量	m³	≥ 5 000		
桩基础工程		预制混凝土（钢板）桩长	m	≥ 30	≥ 20	< 20
		灌注混凝土桩长	m	≥ 50	≥ 30	< 30

四、《江苏省建筑与装饰工程计价表（2014）》

为了很好地贯彻执行《计价规范》，适应建筑工程计价改革的需要，全国各地区建设部门都对该地区住房和城乡建设部的预算定额进行了调整。本节主要以江苏省为例，介绍《江苏省建筑与装饰工程计价表（2014）》（以下简称《计价表》）的适用范围、编制依据、组成、作用和相关规定等。

（一）《计价表》的适用范围、作用、编制依据、组成

1. 适用范围

作为地区性定额，《计价表》适用江苏省行政区域范围内一般工业与民用建筑的新建、扩建、改建工程及其单独装饰工程，不适用修缮工程。全部使用国有资金投资或国有资金投资为主的建筑与装饰工程应执行《计价表》；其他形式投资的建筑与装饰工程可参照使用《计价表》；当工程施工合同约定按《计价表》规定计价时，应遵守《计价表》的相关规定。

2. 作用

（1）编制工程标底、招标工程结算审核的指导。

（2）工程投标报价、企业内部核算、制定企业定额的参考。

（3）一般工程（依法不招标工程）编制与审核工程预结算的依据。

（4）编制建筑工程概算定额的依据。

（5）建设行政主管部门调解工程造价纠纷、合理确定工程造价的依据。

3. 编制依据

（1）《江苏省建筑与装饰工程计价表》；

（2）《房屋建筑与装饰工程消耗量定额》；

（3）《建设工程施工机械台班费用编制规则》；

（4）《建设工程劳动定额–建筑工程》（LD/T 72.1～7211–2008）；

（5）《建设工程劳动定额–装饰工程》（LD/T 73.1～734–2008）；

（6）《全国统一建筑安装工程工期定额（2000年）》；

（7）南京市2013年下半年建筑工程材料指导价格。

4. 计价表的组成

（1）章节：《计价表》由24章及9个附录组成。其中，第一至第十八章为工程实体项目，第十九至第二十四章为工程措施项目。另有部分难以列出定额项目的措施费用，应按照《计价表》费用计算规则中的规定进行计算。

（2）单价：《计价表》采用综合单价形式，由人工费、材料费、机械费、管理费、利润五项费用组成。一般建筑工程的管理费与利润，按照三类工程标准计入综合单价，一、二类工程和单独装饰工程等，应根据有关费用计算规则规定，对管理费和利润进行调整后计入综合单价。

（二）《计价表》示例

《江苏省建筑与装饰工程计价定额（2014）》中的单价为综合单价，由人工费、材料费、机械费、管理费和利润五项费用组成。表1-2-5以《江苏省建筑与装饰工程计价定额（2014）》中砖基础定额子目为例介绍定额中综合单价的组成。

表1-2-5　砖基础定额子目示例

工作内容：运料、调铺砂浆、清理基坑槽、砌砖等。　　　　　　　　　　　　计量单位：m³

定额编号				4-1	
项目		单位	单价	砖基础（直形）	
				数量	合计
综合单价		元		406.25	
其中	人工费	元		98.40	
	材料费	元		263.38	
	机械费	元		5.89	
	管理费	元		26.07	
	利润	元		12.51	
	二类工	工日	82.00	1.20	98.40
材料	04135500 标准砖 240×115×53	百块	42.00	5.22	219.24
	80010104 水泥砂浆 M5	m³	180.37	0.242	43.65
	80010105 水泥砂浆 M7.5	m³	(182.23)	(0.242)	(44.10)
	80010106 水泥砂浆 M10	m³	(191.53)	(0.242)	(46.35)
	31150101 水	m³	4.70	0.104	0.49
机械	99050503 灰浆搅拌机 拌筒容量 200 L	台班	122.64	0.048	5.89

注：基础深度自设计室外地面至砖基础底表面超过1.5 m，其超过部分每1 m³砌体增加人工0.041工日。

《江苏省建筑与装饰工程设计定额（2014）》中每一个子目有一个编号，编号的前面一数字代表的是章号，后面数字是子目编号，从1开始顺序编号。例如表1-2-5中的4-1，代表第四章（砌筑工程）的第1个子目。查定额就可以获得4-1的相关信息：砌筑1 m³砖基础（直形）综合单价为406.25元，其中，人工费为98.40元，材料费为263.38元，机械费为5.89元，管理费为26.07元，利润为12.51元。

部分预算定额项目在引用了其他项目综合单价时，引用项目的综合单价列于材料费一栏，但其五项费用数据汇总时已做拆解分析。例如表1-2-6，材料栏中列入5-27综合子目（表1-2-7），但实际上已将5-27综合子目中的五项费用拆分后进入了9-61的五项费用。

表 1-2-6　方木梁定额示例　　　　　　　　　　　计量单位：m³ 竣工木料

定额编号				9-61	
项目		单位	单价	梁	
				方木	
				数量	合计
综合单价		元		222.01	
其中	人工费	元		272.40	
	材料费	元		1 833.71	
	机械费	元		11.03	
	管理费	元		70.86	
	利润	元		34.01	
二类工		工日	82.00	2.93	240.26
材料	12060334　普通木成材	m³	1 600.00	1.10	1 760.00
	12060334　防腐油	kg	6.00	0.60	3.60
	其他材料费	元			0.55
5-27	铁件制作	t	9 192.70	0.014	128.70

表 1-2-7　铁件制作定额示例　　　　　　　　　　　　　　计量单位：t

定额编号				5-27	
项目		单位	单价	铁件制作	
				数量	合计
综合单价		元		9 192.70	
其中	人工费	元		2 296.00	
	材料费	元		4 968.25	
	机械费	元		787.54	
	管理费	元		770.89	
	利润	元		370.02	
二类工		工日	82.00	28	2 296.00
材料	01270100　型钢	t	4 080.00	1.05	4 284.00
	03410205　电焊条 J442	kg	5.80	30	174.00
	12370305　氧气	m³	3.3	43.50	413.55
	12370336　乙炔气	m³	16.38	18.90	309.58
	11030303　防锈漆	kg	15.00	2.42	36.30
	12030107　油漆溶剂油	kg	14.00	0.25	3.50
	其他材料费	元			17.32
机械	99250306　交流弧焊机容量 40 kV·A	台班	135.37	5.52	747.24
	其他机械费	元			40.30

9-61 定额子目中的人工费 272.40 ＝ 240.26 ＋ 0.014×2 296.00

9-61 定额子目中的材料费 1 833.71 ＝ 1 760.00 ＋ 3.60 ＋ 0.55 ＋ 0.014×4 968.25

9-61 定额子目中的机械费 11.03 ＝ 0.014×787.54

（三）《计价表》的应用

1. 直接套用

当实际施工做法，人工、材料、机械价格与定额水平完全一致，或虽有不同但为了强调定额的严肃性，在定额总说明和各分部说明中均提出不准换算的情况下采用完全套用，直接使用定额中的所有信息。

在编制施工图预算的过程中直接套用《计价表》应注意以下两点：

（1）根据施工图纸的设计说明和做法说明，选择定额子目。

（2）从工程内容、技术特征和施工方法等方面仔细核对项目后正确确定与之相对应的定额子目。工程的名称和计量单位要与定额规定的内容一致。

2. 换算套用

当设计要求与预算定额项目的工程内容、材料规格、施工方法等条件不完全相符，不能直接套用定额时，可根据定额总说明、册说明和备注说明等有关规定，在额定规定范围内加以调整换算后套用。

定额换算主要表现在以下几个方面。

（1）砂浆强度等级的换算；

（2）混凝土强度等级的换算；

（3）木材材积的换算；

（4）系数换算；

（5）按定额说明有关规定的其他换算。

以《江苏省建筑与装饰工程计价定额（2014）》为例，定额换算的共性说明如下：

由于定额中含有管理和利润，定额套价有一个定额综合单价，其与《计价规范》中综合单价概念不同。

定额中的管理费和利润取费基础：人工费＋机械费，与材料费无关。

定额项目中带括号的材料价格供选用，不包含在综合单价内。

因此，以下案例中出现的综合单价虽与有些省定额计价方法相同，但最后取费不同。

【例 1-2-5】砂浆强度等级的换算。

已知实际工程砖基础所采用水泥砂浆强度等级为 M7.5，套定额 4-1 直形砖基础，由于定额中所含水泥砂浆 M5 强度等级为与 M7.5 不符，需要调整。

《江苏省建筑与装饰工程计价定额（2014）》中"直形砖基础"的计价定额表见表 1-2-8。

表 1-2-8　直形砖基础定额

计量单位：m³

定额编号				4-1		4-2		4-3		4-4	
				砖基础				砖柱			
				直形		圆、弧形		方形		圆形	
项目		单位	单价	数量	合计	数量	合计	数量	合计	数量	合计
综合单价			元		406.25		42.85		500.48		600.15
其中	人工费		元		98.40		115.62		158.26		167.28
	材料费		元		263.38		263.38		275.93		362.07
	机械费		元		5.89		5.89		5.64		6.50
	管理费		元		26.07		30.38		40.98		43.45
	利润		元		12.51		14.58		19.67		20.85
	二类工		工日	82.00	1.20	98.40	1.41	115.62	1.93	158.26	2.04	167.28
04135500	标准砖 240×115×53	百块	42.00	5.22	219.24	5.22	219.24	5.46	29.32	7.35	308.70
80010104	水泥砂浆 M5	m³	180.37	0.22	43.65	0.42	43.5				
80010105	水泥砂浆 M7.5	m³	18.23	(0.242)	(44.10)	(0.242)	(44.10)				
80010106	水泥砂浆 M10	m³	191.53	(0.242)	(46.35)	(0.242)	(46.35)				

调整方法：将定额 4-1 中水泥砂浆 M5 的价格换算成水泥砂浆 M7.5 的价格，由于定额管理费和利润与材料费无关，只调整材料费，具体调整见表 1-2-9。注意，为了说明定额价格调整，在定额号后需要增加"换"字。

表 1-2-9　直形砖基础定额换算

工作内容：1. 砖基础、运料、调铺砂浆、清理基槽坑、砌砖等。
　　　　　2. 砖柱：清理地槽、运料、调铺砂浆、砌砖。　　　　　单位：元

定额编号	名称	单位	综合单价	人工费	材料费	机械费	管理费	利润
4-1	直形砖基础 M5	m³	406.25	98.4	263.38	5.89	26.07	12.51
4-1 换	直形砖基础 M7.5	m³	406.7	98.4	263.83	5.89	26.07	12.51

【例 1-2-6】混凝土等级的换算。

已知实际工程桩承台独立柱基为自搅拌现浇构件 C25，套定额 6-8 为自搅拌现浇构件中桩承台独立柱基 C20，由于定额中所含混凝土是 C20，与实际工程 C25 不符，需要调整。

《江苏省建筑与装饰工程计价定额（2014）》中"桩承台独立柱基"的计价定额表见表 1-2-10。

表 1-2-10　桩承台独立柱基定额

工作内容：混凝土搅拌、水平运输、浇捣、养护。　　　　　　　　　计量单位：m³

定额编号					6-8		6-9	
项目		单位	单价		桩承台独立柱基		二次灌浆	
					数量	合计	数量	合计
综合单价			元		371.51		399.01	
其中	人工费		元		61.50		84.46	
	材料费		元		244.51		249.19	
	机械费		元		31.20		24.90	
	管理费		元		23.18		27.34	
	利润		元		11.12		13.12	
二类工		工日	82.00		0.75	61.50	1.03	84.46
材料	80210144	现浇混凝土 ±C20	m³	236.14	1.015	239.68		
	80210145	现浇混凝土 ±C25	m³	249.52	(1.015)	(253.26)		
	80210148	现浇混凝土 ±C30	m³	251.84	(1.015)	(255.62)		

调整方法：将定额 6-8 中 C20 材料换算成 C25 材料价格，由于定额管理费和利润与材料费无关，只调整材料费，同理，如果实际工程是 C30 混凝土，一样换算。具体调整见表 1-2-11。

表 1-2-11　桩承台独立柱基定额换算　　　　　　　　　　　单位：元

定额编号	名称	单位	综合单价	人工费	材料费	机械费	管理费	利润
6-8	桩承台独立柱基 C20	m³	371.51	61.5	244.51	31.2	23.18	11.12
6-8 换	桩承台独立柱基 C25	m³	385.09	61.5	258.09	31.2	23.18	11.12
6-8 换	桩承台独立柱基 C30	m³	387.45	61.5	260.45	31.2	23.18	11.12

【例 1-2-7】装饰工程定额系数调整（人工费调整）。

某酒店大堂地面干粉粘结剂粘贴石块面板地面，局部为多色复杂图案地面，该部分工程量为 9 m²，石材耗损率为 22%，请根据年《江苏省建筑与装饰计价定额（2014）》的规定，计算该石材复杂图案的计价定额综合单价［元／（10 m²）］。

《江苏省建筑与装饰工程计价定额（2014）》中"石材块料面板"的计价定额表见表 1-2-12。

表 1-2-12　石材块料面板定额

工作内容：1. 调制水泥砂浆，刷素水泥浆。
　　　　　2. 清理基层、填料，预拼、拼板磨边、镶贴、擦缝、清理表面。　　　　计量单位：10 m³

定额编号				13-54		13-55		13-56	
项目		单位	单价	石材块料面板					
				干硬性水泥砂浆		水泥砂浆		干粉粘结剂	
				数量	合计	数量	合计	数量	合计
综合单价		元		3 526.34		3 516.65		3 812.71	
其中	人工费	元		449.65		449.65		467.50	
	材料费	元		2 876.59		2 876.99		3 139.68	
	机械费	元		24.62		23.76		23.76	
	管理费	元		118.57		118.35		122.82	
	利润	元		56.91		56.81		58.95	
一类工		工日	85.60	5.29	449.65	5.29	449.65	5.50	467.50

定额编号				13-54		13-55		13-56	
07112130	石材块料面板	m³	250.00	11.00	2 750.00	11.00	2 750.00	11.00	2 750.00
80010161	干硬性水泥砂浆	m³	223.76	6.300	67.80				
80010121	水泥砂浆 1 : 1	m³	308.42			0.001	24.98		
80010125	水泥砂浆 1 : 3	m³	239.65			0.202	45.41	0.202	48.41
04010611	水泥 32.5 级	kg	0.31	45.79	14.19				

注：多色复杂图案（弧线形）镶贴时，其人工乘以系数 1.20，其弧形部分的石材损耗可按实调整。

解答：

根据题意套用《江苏省建筑与装饰工程计价定额（2014）》P53313-56，这是一个简单图案。

再按照《江苏省建筑与装饰工程计价定额（2014）》P53313-56 注：多色复杂图案地面人工费 ×1.2；原单价为 3 812.71 元。

由于人工费调整影响到管理费和利润的调整，根据《江苏省建筑与装饰工程计价定额（2014）》中管理费按三类工程计取，管理率为 25%，利润率为 12%，则人工费调增引起的费用增加：467.5×0.2×（1 ＋ 25% ＋ 12%）＝ 128.1（元）。

由于备注石材损耗增加，按照题意材料损耗 22%，则材料费增加：250×（12.2－11）＝ 300（元）。

综合单价：3 812.71 ＋ 128.1 ＋ 300 ＝ 4 240.81 [元/（10 m²）]。

【例 1-2-8】材料价差换算。

某项目给定铝合金卷帘门暂定价为 2 000 元/樘（成品价），该铝合金卷帘门工程量一樘为 9.44 m²。请计算该铝合金卷帘门的综合单价（元/m² 和元/樘）。

《江苏省建筑与装饰工程计价定额（2014）》中"铝合金卷帘门"的计价定额表见表 1-2-13。

表 1-2-13 铝合金卷帘门定额

工作内容：卷帘门插片组装、支架、辊轴、直轨、附件、门锁安装调试等全部操作过程。

计量单位：10 m²

定额编号			16-20		16-21		16-22	
			铝合金		鱼鳞状		不锈钢管	
项目	单位	单价	卷帘门					
			数量	合计	数量	合计	数量	合计
综合单价	元		2 361.68		2 462.68		4 172.79	

其中	定额编号		16-20	16-21	16-22
	人工费	元	459.85	459.85	510.85
	材料费	元	1 711.76	1 812.76	3 453.00
	机械费	元	14.54	14.54	14.54
	管理费	元	118.60	118.60	131.35
	利润	元	56.93	56.93	63.05

	定额编号			16-20		16-21		16-22	
	一类工	工日	85.00	5.41	459.85	5.41	459.85	6.01	510.85
	09250701	铝合金卷帘门	m²	150.00	10.10	1 515.00				
	09250707	鱼鳞状卷帘门	m³	160.00			10.10	1 616.00		
	09250309	不锈钢管卷帘门	m²	320.00					10.10	3 232.00
	03410205	电焊条 J422	kg	5.80	0.51	2.96	0.51	2.96		
	03070132	膨胀螺栓 M12×110	套	3.40	53.00	180.20	53.00	180.20	53.00	180.20
	03430205	不锈钢焊丝 1Cr18Ni9Ti	kg	45.00					0.56	25.20
		其他材料费	元			13.60		13.60		15.60
机械	99192305	电锤功率 250 W	台班	8.34	0.652	5.44	0.652	5.44	0.652	5.44
	99250304	交流弧焊机容量 30 kV·A	台班	90.97	0.10	9.10	0.10	9.10	0.10	9.10

注：1. 实腹式、冲孔空腹式、电化铝合金、有色电化铝合金均执行铝合金卷帘门定额。

　　2. 上述子目门单价中已经包括各种配件价格。

　　解答：由于铝合金卷帘门单位可以是樘或者 m²，因此有两种解答方法（《江苏省建筑与装饰工程计价定额（2014）》中管理费和利润与材料费无关，材料费调整，管理费和利润不变）。

　　方法一：

　　已知铝合金卷帘门估计 2 000 元／樘（成品价）。工程量一樘为 9.44 m²。

　　查《江苏省建筑与装饰工程计价定额（2014）》（P661）套定额 16-20 铝合金卷帘门。

　　定额 16-20 铝合金卷帘门，其中定额中铝金合卷帘门主材费 1 515 元（注：《江苏省建筑与装饰工程计价定额（2014）》单位为：10 m²）。

　　铝合金卷帘门暂定估价 2 000 元／樘，工程量一樘为 9.44 m²，定额为 10 m²，需要进行铝合金卷帘门价格单位换算，即 2 000（元／樘）/0.944（10 m²／樘）＝ 2 118.64 ［元／（10 m²）］，调整后材料费：（1 711.76-1 515）＋2 118.64＝196.76＋2 118.64＝2 315.4（元）综合单价为：459.85＋2 315.4＋14.54＋118.6＋56.93＝2 965.32［元／（10 m²）］（注：定额对应单价，见表1-2-14）。

调整后的铝合金卷帘门综合单价为：2 965.32×0.944＝2 799.26（元／樘）或2 965.32［元／（10 m²）］＝296.53（元／m²）。

表1-2-14 铝合金卷帘门定额换算一

定额编号	名称	单位	工程量	综合单价/元	人工费/元	材料费/元	机械费/元	管理费/元	利润/元
16-20	铝合金卷帘门	10 m²	1	2 361.68	459.85	1 711.76	14.54	118.6	56.93
16-20 换	铝合金卷帘门	10 m²	0.944	2 965.32	459.85	2 315.40	14.54	118.6	56.93

方法二：

（1）已知铝合金卷帘门估计2 000元／樘（成品价）。工程量一樘为9.44 m²。

（2）查江苏省计价定额（P661）套定额16-20铝合金卷帘门。

（3）定额16-20铝合金卷帘门，其中定额中铝金合卷帘门主材费为1 515元，扣除定额中铝合金卷帘门主材料为1 515（元）后的材料为：1 711.76-1 515＝196.76（元）；即表1-2-15中16-20换数据。

（4）由于铝合金卷帘门暂定估价2 000元／樘，套定额工程量一樘为9.44 m²，即0.944（10 m²），代入表1-2-15（注意单位不同）。

（5）调整后的铝合金卷帘门综合单价为：846.68×0.944＋2 000＝2 799.27（元／樘）或2 799.27（元／樘）/9.44（樘／m²）＝296.53［元／（10 m²）］。

表1-2-15 铝合金卷帘门定额换算二

定额编号	名称	单位	工程量	综合单价/元	人工费/元	材料费/元	机械费/元	管理费/元	利润/元
16-20	铝合金卷帘门	10 m2	1	2 361.68	459.85	1 711.76	14.54	118.6	56.93
16-20 换	铝合金卷帘门	10 m2	0.944	846.6	459.85	196.76	14.54	118.6	56.93
	铝合金卷帘门主材料	樘	1	2 000.00		2 000.00			
	铝合金卷帘门小计	樘	1	2 799.27	434.10	2 185.74	13.73	111.96	53.74

3. 预算定额的补充

由于建筑产品的多样化和单一性的特点，在编制预算中，有些工程项目在定额中缺项，且不属于调整范围之内，无定额可套用时，可编制补充定额，补充定额必须经有关部门批准备案，一次性使用。

五、任务练习

详见学生工作页。

学生工作页

模块名称	建筑工程造价基础理论		
课题名称	建筑工程定额		
学生姓名		所在班级	
所学专业		完成任务时间	
指导老师		完成任务日期	

一、任务描述
1. 复习施工定额和预算定额
2. 复习企业管理费和利润的确定方法
3. 复习如何进行定额换算

二、任务解答
1. 请写出建筑工程的定额分类

_____
_____
_____

2. 请写出预算定额中材料消耗量的确定

_____
_____
_____

3. 请写出企业管理费和利润的确定方法

_____
_____
_____

4. 请写出描述定额换算的主要表现

_____
_____
_____

三、体会与总结

四、指导老师评价意见

指导老师签字：

日期：

项目二 分部分项与单价措施项目计量与计价

任务一 土方工程计量与计价

知识目标

1. 掌握土方工程工程量计量规则、计算方法；
2. 掌握土方工程计价基础知识，熟悉土方计价工程常用定额。

技能目标

1. 能够正确识读建筑工程图，根据设计图纸、建筑材料、设定的施工方案等列出土方工程分部分项清单，计算分项工程量；
2. 能够根据土方工程计价规范、计价定额、工程实践，正确套用定额；
3. 能够根据土方工程项目清单特征正确进行组价，计算清单项目的综合单价及综合合价。

素质目标

1. 遵守相关法律法规、标准和管理规定；
2. 具有严谨的工作作风、较强的责任心和科学的工作态度；
3. 爱岗敬业，严谨务实，团结协作，具有良好的职业操守。

一、任务描述

某工程基底土质均匀，为三类干土；人工挖土，设计室外地坪标高为 -0.15 m，土方开挖回填运距均暂定为 150 m。该工程基础平面图、基础详图独立基础各部分尺寸如图 2-1-1 所示。其中垫层工程量为 4.58 m³、混凝土条形基础工程量为 4.22 m³、混凝土独立基础工程量为 5.6 m³、室外地坪以下柱工程量为 3.68 m³、室外地坪以下砖基础工程量为 15.88 m³ 和地圈梁工程量为 3.15 m³。试计算该工程土方工程量，编制清单并计算清单综合单价。

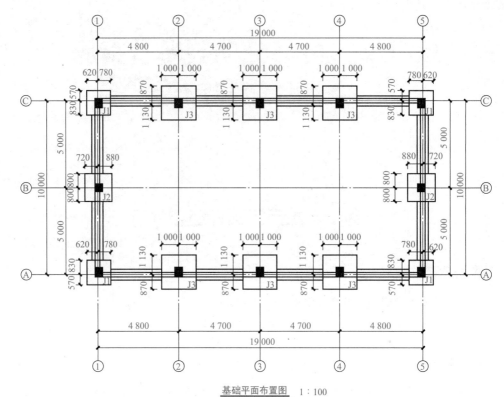

基础平面布置图 1：100

图中未注明的墙下条基侧面均为1－1

基础配筋表

剖面	A	B	H	h_1	h_2	①	②
J1	1 400	1 400	450	300	150	$\Phi12@150$	$\Phi12@150$
J2	1 600	1 600	450	300	150	$\Phi12@150$	$\Phi12@150$
J3	2 000	2 000	500	300	200	$\Phi12@150$	$\Phi12@150$

注：1.柱内钢筋锚入基础内长L_{aE}=36d，平直长度不宜少
于12d且≥150 mm。
2.基础底部长向钢筋放置于短向钢筋之下。

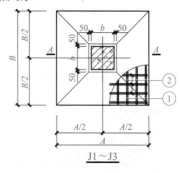

J1～J3

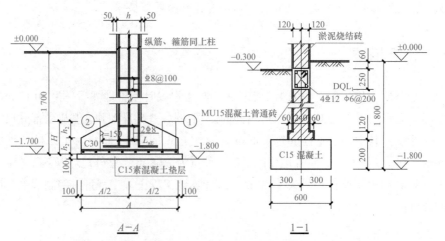

A－A   1－1

图 2-1-1 基础平面图及详图

■ 二、任务资讯

（一）土方工程常见分项工程工程量计算规则

1. 《房屋建筑与装饰工程工程量清单计算规范》（GB 50854—2013）土方分部节选

（1）土方工程清单工程量计算规则见表 2-1-1。

表 2-1-1　土方工程

项目编码	项目名称	项目特征	计量单位	工程量计算规则	工作内容
010101001	平整场地	1. 土壤类别 2. 弃土运距 3. 取土运距	m²	按设计图示尺寸以建筑物首层建筑面积计算	1. 土方挖填 2. 场地找平 3. 运输
010101002	挖一般土方	1. 土壤类别 2. 挖土深度 3. 弃土运距	m³	按设计图示尺寸以体积计算	1. 排地表水 2. 土方开挖 3. 围护（挡土板）及拆除 4. 基底钎探 5. 运输
010101003	挖沟槽土方			按设计图示尺寸以基础垫层底面积乘以挖土深度计算	
010101004	挖基坑土方				

注：1. 挖土方平均厚度应按自然地面测量标高至设计地坪标高间的平均厚度确定。基础土方开挖深度应按基础垫层底表面标高至交付施工场地标高确定，无交付施工场地标高时，应按自然地面标高确定。

2. 筑物场地厚度≤±300 mm 的挖、填、运、找平，应按本表中平整场地项目编码列项。厚度＞±300 mm 的竖向布置挖土或山坡切土，应按本表中挖一般土方项目列项。

3. 沟槽、基坑、一般土方的划分：底宽≤7 m 且底长＞3 倍底宽为沟槽；底长≤3 倍底宽且底面面积≤150 m² 为基坑；超出上述范围则为一般土方。

4. 挖土方如需截桩头时，应按桩基工程相关项目列项。

5. 桩间挖土不扣除桩的体积，并在项目特征中加以描述。

6. 挖沟槽、基坑、一般土方因工作面和放坡增加的工程量（管沟工作面增加的工程量），是否并入各土方工程量，按各省、自治区、直辖市或行业建设主管部门的规定实施，如并入各土方工程量中，办理工程结算时，按经发包人认可的施工组织设计规定计算，编制工程量清单时，可按表 2-1-4～表 2-1-6 的规定计算。

（2）土方回填清单工程量计算规则见表 2-1-2。

表 2-1-2　回填

项目编码	项目名称	项目特征	计量单位	工程量计算规则	工作内容
010103001	回填方	1. 密实度要求 2. 填充材料品种 3. 填方粒径要求 4. 填方来源、运距	m³	按设计图示尺寸以体积计算。 1. 场地回填：回填面积乘平均回填厚度。 2. 室内回填：主墙间面积乘回填厚度，不扣除间隔墙。 3. 基础回填：按挖方清单项目工程量减去自然地坪以下埋设的基础体积（包括基础垫层及其他构筑物）	1. 运输 2. 回填 3. 压实

项目编码	项目名称	项目特征	计量单位	工程量计算规则	工作内容
010103002	余方弃置	1. 废弃料品种 2. 运距		按挖方清单项目工程量减利用回填方体积（正数）计算	余方点装料运输至弃置点

注：1. 填方密实度要求，在无特殊要求情况下，项目特征可描述为满足设计和规范要求。

2. 填方材料品种可以不描述，但应注明由投标人根据设计要求验方后方可填入，并符合相关工程的质量规范要求。

3. 填方粒径要求，在无特殊要求情况下，项目特征可以不描述。

4. 如需买土回填应在项目特征填方来源中描述，并注明买土方数量。

土方工程量计算规范清单项目更多内容可通过手机微信、QQ 扫描二维码 2-1-1 获取。

2. 《江苏省建筑与装饰工程计价定额（2014）》中土方工程量计算规则（节选）

二维码 2-1-1

（1）一般规则。

①土方体积以挖凿前的天然密实体积（m³）为准，若虚方计算，按表 2-1-3 进行计算。

表 2-1-3　土方体积折算表

虚方体积	天然密实体积	夯实后体积	松填体积
1.00	0.77	0.67	0.83
1.20	0.92	0.80	1.00
1.30	1.00	0.87	1.08
1.50	1.15	1.00	1.25

注：虚方指未经碾压，堆积时间不长于 1 年的土壤。

②挖土以设计室外地坪标高为起点，深度按图示尺寸计算。

③按不同的土壤类别、挖土深度、干湿土分别计算工程量。

④在同一槽、坑内或沟内有干、湿土时，应分别计算，但使用定额时，按槽、坑或沟的全深计算。

⑤桩间挖土不扣除桩的体积。

（2）平整场地工程量按下列规定计算。

①平整场地是指建筑物场地挖、填土方厚度在 ±300 mm 以内的找平。

②平整场地工程量按建筑物外墙外边线每边各加 2 m，以面积计算。

（3）沟槽、基坑土石方工程量，按下列规定计算。

①沟槽、基坑划分。

底宽 ≤ 7 m 且底长 > 3 倍底宽的为沟槽。套用定额计价时，应根据底宽的不同，分别按底宽 3 ～ 7 m 间、3 m 以内，套用对应的定额子目。

底长 ≤ 3 倍底宽且底面面积 ≤ 150 m² 为基坑。套用定额计价时，应根据底面面积的不同，分别按底面面积 20 ～ 150 m² 间、20 m² 以内，套用对应的定额子目。

凡沟槽底宽 7 m 以上，基坑底面面积 150 m² 以上，按挖一般土方或挖一般石方计算。

②沟槽工程量按沟槽长度乘以沟槽截面面积计算。

沟槽长度：外墙按图示基础中心线长度计算，内墙按图示基础底宽加工作面宽度之间净长度计算。沟槽宽按设计宽度加基础施工所需工作面宽度计算。凸出墙面的附墙烟囱、垛等体积并入沟槽土方工程量内。

③挖沟槽、基坑、一般土方需放坡时，以施工组织设计规定计算。施工组织设计无明确规定时，放坡高度、比例按表2-1-4计算。

表2-1-4　放坡高度、比例确定表

土壤类别	放坡深度规定/m	高与宽之比			
		人工挖土	机械挖土		
			在坑内作业	在坑上作业	顺沟槽在坑上作业
一、二类土	超过1.20	1：0.5	1：0.33	1：0.75	1：0.5
三类土	超过1.50	1：0.33	1：0.25	1：0.67	1：0.33
四类土	超过2.00	1：0.25	1：0.10	1：0.33	1：0.25

注：1. 沟槽、基坑中土类别不同时，分别按土壤类别、放坡比例以不同土类别厚度分别计算。

2. 计算放坡时，在交接处的重复工程量不予扣除，原槽、坑做基础垫层时，放坡自垫层上表面开始计算。

④基础施工所需工作面宽度按表2-1-5的规定计算。

表2-1-5　基础施工所需工作面宽度表

基础材料	每边各增加工作面宽度/mm
砖基础	200
浆砌毛石、条石基础	150
混凝土基础垫层支模板	300
混凝土基础支模板	300
基础垂直面做防水层	1 000（防水层面）

注：本表按《全国统一建筑工程预算工程量计算规则》（GJD$_{GZ}$-101-95）整理。

⑤沟槽、基坑需支挡土板时，挡土板面积按槽、坑边实际支挡板面积（即每块挡板的最长边×挡板的最宽边之积）计算。

⑥管沟土方按立方米计算，管沟按图示中心线长度计算，不扣除各类井的长度，井的土方并入；沟底宽度设计有规定的，按设计规定，设计未规定的，按管道结构宽加工作面宽度计算。管沟施工每侧所需工作面按表2-1-6的规定计算。

表2-1-6　管沟施工每侧所需工作面宽度计算表　　　　单位：mm

管沟材料 \ 管道结构宽	≤500	≤1 000	≤2 500	>2 500
混凝土及钢筋混凝土管道	400	500	600	700
其他材质管道	300	400	500	600

注：1. 管道结构宽：有管座的按基础外缘；无管座的按管道外径。

2. 按本表计算管道沟土方工程量时，各种井类及管道接口等处需加宽增加的土方量不另行计算；底面积大于20 m²的井类，增加的土方量并入管沟土方内计算。

（4）建筑物场地厚度在 ±300 mm 以外的竖向布置挖土或山坡切土，均按挖一般土方计算。

（5）回填土区分夯填、松填以体积计算。

①基槽、坑回填土工程量＝挖土体积－设计室外地坪以下埋设的体积（包括基础垫层、柱、墙基础及柱等）。

②室内回填土工程量按主墙间净面积乘以填土厚度按体积计算，不扣除附垛及附墙烟囱等体积。

③管道沟槽回填工程量，以挖方体积减去管外径所占 体积计算。管外径小于或等于 500 mm 时，不扣除管道所占体积。管外径超过 500 mm 以上时，按表 2-1-7 的规定扣除。

表 2-1-7　管道体积扣除表

管道名称	管道公称直径 /mm				
	≥ 600	≥ 800	≥ 1 000	≥ 1 200	≥ 1 400
钢管	0.21	0.44	0.71	—	—
铸铁管、石棉水泥管	0.24	0.49	0.77	—	—
混凝土、钢筋混凝土、预应力混凝土管	0.33	0.60	0.92	1.15	1.35

（6）余土外运、缺土内运工程量按下式计算：运土工程量＝挖土工程量－回填土工程量。正值为余土外运，负值为缺土内运。

（二）《江苏省建筑与装饰工程计价定额（2014）》中土方工程计价定额说明及相关规定

1. 人工土、石方

（1）土壤及岩石的划分见表 2-1-8。

表 2-1-8　土壤分类表

土壤分类	土壤名称	开挖方法
一、二类土	粉土、砂土（粉砂、细砂、中砂、粗砂、砾砂）、粉质黏土、弱中盐渍土、软土（淤泥质土、泥炭、泥炭质土）、软塑红黏土、冲填土	用锹，少许用镐、条锄开挖。机械能全部直接铲挖满载者。
三类土	黏土、碎石土（圆砾、角砾）混合土、可塑红黏土、硬塑红黏土、强盐渍土、素填土、压实填土	主要用镐、条锄，少许用锹开挖。机械需部分刨松方能铲挖满载者或可直接铲挖但不能满载者
四类土	碎石土（卵石、碎石、漂石、块石）、坚硬红黏土、超盐渍土、杂填土	全部用镐、条锄挖掘，少许用撬棍挖掘。机械须普遍刨松方能铲挖满载者

（2）土、石方的体积除定额中另有规定外，均按天然密实体积（自然方）计算。

（3）挖土深度以设计室外标高为起点，如实际自然地面标高与设计地面标高不同，工程量在竣工结算时调整。

（4）干土与湿土的划分应以地质勘测资料为准，无资料时以地下常水位为准，常水位以上为干土，常水位以下为湿土。采用人工降低地下水位时，干、湿土的划分仍以常水位为准。

（5）运余松土或挖堆积期在一年以内的堆积土，除按运土方定额执行外，另增加挖一类土的定额项目（工程量按实方计算，若为虚方按工程量计算规则的折算方法折算成实方）。取自然土回填时，按土壤类别执行挖土定额。

（6）土挡木板不分密撑、疏撑，均按定额执行，实际施工中材料不同均不调整。

（7）桩间挖土按打桩后坑内挖土相应定额执行，桩间挖土，是指按桩（不分材质和成桩方式）顶设计标高以下及桩顶设计标高以上 0.50 m 范围内的挖土。

2．机械土、石方

（1）定额中机械土方按三类土取定。如实际土壤类别不同，定额中机械台班量乘以表 2-1-9 中的系数。

表 2-1-9　土壤系数表

项目	三类土	一、二类土	四类土
推土机推土方	1.00	0.84	1.18
铲运机铲运土方	1.00	0.84	1.26
自行式铲运机铲运土方	1.00	0.86	1.09
挖掘机挖土方	1.00	0.84	1.14

（2）土、石方体积均按天然实体积（自然方）计算；推土机、铲运机推、铲未经压实的堆积土，按三类土定额项目乘以系数 0.73。

（3）推土机推土、石，铲运机运土重车上坡时，如坡度大于 5%，运距按坡度区段斜长乘以表 2-1-10 中的系数。

表 2-1-10　坡度系数表

坡度 /%	10 以内	10 以内	20 以内	20 以内
系数	1.75	2.00	2.25	2.50

（4）机械挖土方工程量，按机械实际完成工程量计算。机械确实挖不到的地方，用人工修边坡、整平的土方工程量按人工挖一般土方定额（最多不得超过挖方量的10%），人工乘以系数 2。机械挖土、石方单位工程量小于 2 000 m³ 或在桩间挖土、石方，按相应定额乘以系数 1.10。

（5）机械挖土均以天然湿度土壤为准，含水率达到或超过 25% 时，定额人工、机械乘以系数 1.15；含水率超过 40% 时，另行计算。

（6）支撑下挖土定额适用有横支撑的深基坑开挖。

（7）定额自卸汽车运土，对道路的类别及自卸汽车吨位已分别进行综合计算。

（8）自卸汽车运土，按正铲挖掘机挖土考虑，如是反铲挖掘机装车，则自卸汽车运土台班量乘以系数 1.10；拉铲挖掘机装车，自卸汽车运土台班量乘以系数 1.20。

（9）挖掘机在垫板上作业时，其人工、机械乘以系数 1.25，垫板铺设所需的人工、材料、机械消耗另行计算。

（10）推土机推土或铲运机铲土，推土区土层平均厚度小于 300 mm 时，其推土机台班乘以系数 1.25，铲运机台班乘以系数 1.17。

（11）装载机装原状土，需由推土机破土时，另增加推土机推土项目。

土方工程定额工程量计价说明及计价工程量计算规则更多内容可通过手机微信、QQ 扫描二维码 2-1-2 获取。

二维码 2-1-2

（三）《江苏省建筑与装饰工程计价定额（2014）》中土方工程的定额

《江苏省建筑与装饰工程计价定额（2014）》中土方工程的定额：

（1）人工土、石方部分有人工挖一般土方；3 m＜底宽≤7 m 的沟槽挖土或 20 m²＜底面面积≤150 m² 的基坑人工挖土；底宽≤3 m 且底长＞3 倍底宽的沟槽人工挖土；底面面积≤20 m² 的基坑人工挖土；挖淤泥、流沙、支挡土板；人工、人力车运土、石方（碴）；平整场地、打底夯、回填；人工挖石方；人工打眼爆破石方；人工清理槽、坑、地面石方的计价定额。

（2）机械土、石方部分有推土机推土；铲运机铲土；挖掘机挖土；挖掘机挖土≤3 m 且底长＞3 倍底宽的沟槽；挖掘机底面积≤20 m² 的基坑；支撑下挖土；装载机铲松散土、自装自运土；自卸汽车运土；平整场地、碾压；机械打眼爆破石方；推土机推碴；挖掘机挖碴；自卸汽车运碴的计价定额。

（3）常用人工土方工程常用定额子目见表 2-1-11。

表 2-1-11　常用人工土方工程定额子目

分项工程	定额编号		定额名称
人工挖一般土方	土壤类别	1-1	一类土
		1-2	二类土
		1-3	三类土
		1-4	四类土
3 m＜底宽≤7 m 的沟槽挖土或 20 m²＜底面面积≤150 m² 的基坑人工挖土	深度在 1.5 m 以内（干土）	1-5	一类土
		1-6	二类土
		1-7	三类土
		1-8	四类土
	深度在 1.5 m 以内（湿土）	1-9	一类土
		1-10	二类土
		1-11	三类土
		1-12	四类土
	挖土深度超过 1.5 m 增加费	1-13	深在 2 m 以内
		1-14	深在 3 m 以内
		1-15	深在 4 m 以内
		1-16	深在 5 m 以内
		1-17	深在 6 m 以内
		1-18	超过 6 m 每增 1 m

分项工程	定额编号		定额名称
底宽≤3 m 且底长＞3 倍底宽的沟槽人工挖土	深度在（m 以内）三类干土	1-27	1.5
		1-28	3
		1-29	4
		1-30	4 m 以上
底面面积≤20 m² 的基坑人工挖土	深度在（m 以内）三类干土	1-59	1.5
		1-60	3
		1-61	4
		1-62	4 m 以上
人工、人力车运土、石方（碴）	单（双）轮车运输运距在 50 m 以内	1-92	土
		1-93	淤泥、流砂
		1-94	石（碴）
	单（双）轮车运输运距在 500 m 以内每增加 50 m	1-95	土
		1-96	淤泥、流砂
		1-97	石（碴）
平整场地、打底夯、回填	1-98		平整场地
	1-99		地面原土打底夯
	1-100		基（槽）坑原土打底夯
	1-101		地面松填回填土
	1-102		地面夯填回填土
	1-103		基（槽）坑松填回填土
	1-104		基（槽）坑夯填回填土
自卸汽车运土	1-262		运距在 1 km 以内
	1-263		运距在 3 km 以内
	1-264		运距在 5 km 以内
	1-265		运距在 7 km 以内
	1-266		运距在 10 km 以内
	1-267		运距在 13 km 以内
	1-268		运距在 16 km 以内
	1-269		运距在 20 km 以内
	1-270		运距在 25 km 以内
	1-271		运距在 30 km 以内
	1-272		超过 30 km 每增加 5 km

（4）《江苏省建筑与装饰工程计价定额（2014）》中土方部分计价定额节选见表 2-1-12～表 2-1-20。

表 2-1-12　3 m＜底宽≤7 m 的沟槽挖土或 20 m²＜底面面积≤ 150 m² 的基坑人工挖土
计价定额 1

工作内容：挖土、装土或抛土、修整底边、边坡，并保持槽坑边两侧距离 1 m 内无弃土。

计量单位：m³

定额编号			1-7	
项目	单位	单价	深度在 1.5 m 以内	
			干土	
			三类土	
			数量	合计
综合单价	元		32.70	
其中	人工费	元	23.87	
	材料费	元	—	
	机械费	元	—	
	管理费	元	5.97	
	利润	元	2.86	
三类工	工日	77.00	0.31	23.87
在挡土板、沉箱下及打桩后坑内挖土	工日	77.00	(0.41)	(31.57)

表 2-1-13　3 m＜底宽≤7 m 的沟槽挖土或 20 m²＜底面面积≤ 150 m² 的
基坑人工挖土计价定额 2

工作内容：将挖土倒运至地面。

计量单位：m³

定额编号			1-13	
项目	单位	单价	挖土深度超过 1.5 m 增加费	
			深在 2 m 以内	
			数量	合计
综合单价	元		4.22	
其中	人工费	元	3.08	
	材料费	元	—	
	机械费	元	—	
	管理费	元	0.77	
	利润	元	0.37	
三类工	工日	77.00	0.04	3.08

注：工程量按全部深度计算，水平运输应另行计算。

表 2-1-14　底宽≤3 m 且底长＞3 倍底宽的沟槽人工挖土计价相关定额

工作内容：挖土、装土或抛土、修整底边、边坡，并保持槽坑边两侧距离 1 m 内无弃土。

计量单位：m³

定额编号			1-28	
项目	单位	单价	深度在（m 以内）	
			三类干土	
			3	
			数量	合计
综合单价		元	53.80	
其中	人工费	元	39.27	
	材料费	元	—	
	机械费	元	—	
	管理费	元	9.82	
	利润	元	4.71	
三类工	工日	77.00	0.51	39.27
在挡土板、沉箱下及打桩后坑内挖土	工日	77.00	(0.67)	(51.59)

表 2-1-15　底面面积≤20 m² 的基坑人工挖土计价相关定额

工作内容：挖土、装土或抛土、修整底边、边坡，并保持槽坑边两侧距离 1 m 内无弃土。

计量单位：m³

定额编号			1-59		1-60	
项目	单位	单价	深度在（m 以内）			
			三类干土			
			1.5		3	
			数量	合计	数量	合计
综合单价		元	53.80		62.24	
其中	人工费	元	39.27		45.43	
	材料费	元	—		—	
	机械费	元	—		—	
	管理费	元	9.82		11.36	
	利润	元	4.71		5.45	
三类工	工日	77.00	0.51	39.27	0.59	45.43
在挡土板、沉箱下及打桩后坑内挖土	工日	77.00	(0.67)	(51.59)	(0.77)	(59.29)

表 2-1-16　人工、人力车运土计价相关定额 1

工作内容：1. 清理道路，铺、移及拆除道板。
　　　　　2. 运土（石）、卸土（石）。

计量单位：m³

定额编号			1-92	
项目	单位	单价	单（双）轮车运输	
			运距在 50 m 以内	
			土	
			数量	合计
综合单价		元	20.05	
其中	人工费	元	14.63	
	材料费	元	—	
	机械费	元	—	
	管理费	元	3.66	
	利润	元	1.76	
三类工	工日	77.00	0.19	14.63

表 2-1-17　人工、人力车运土计价相关定额 2

工作内容：1. 清理道路，铺、移及拆除道板。
　　　　　2. 运土（石）、卸土（石）。

计量单位：m³

定额编号			1-95	
项目	单位	单价	单（双）轮车运输	
			运距在 500 m 以内每增加 50 m	
			土	
			数量	合计
综合单价		元	4.22	
其中	人工费	元	3.08	
	材料费	元	—	
	机械费	元	—	
	管理费	元	0.77	
	利润	元	0.37	
三类工	工日	77.00	0.04	3.08

表 2-1-18 平整场地、打底夯、回填计价相关定额 1

工作内容：1. 平整场地：厚在 300 mm 以内的挖、填、找平。
　　　　　2. 原土打夯：一夯压半夯（两遍为准）。

计量单位：10 m²

定额编号			1-98	
项目	单位	单价	平整场地	
			数量	合计
综合单价	元		60.13	
其中	人工费	元	43.89	
	材料费	元	—	
	机械费	元	—	
	管理费	元	10.97	
	利润	元	5.27	
三类工	工日	77.00	0.57	43.89

表 2-1-19 平整场地、打底夯、回填计价相关定额 2

工作内容：1. 松填土：包括 5 m 内取土、碎土、找平。
　　　　　2. 夯填土：包括 5 m 内取土、碎土、找平、浇水、夯实（一夯压半夯，两遍为准）。

计量单位：m³

定额编号				1-103		1-104	
项目		单位	单价	回填土			
				基（槽）坑			
				松填		夯填	
				数量	合计	数量	合计
综合单价		元		16.88		37.17	
其中	人工费	元		12.32		21.56	
	材料费	元		—		—	
	机械费	元		—		—	
	管理费	元		3.08		5.69	
	利润	元		1.48		2.73	
三类工		工日	77.00	0.16	12.32	0.28	21.56
机械	99130511	夯实机（电动）夯击能力 20～62 N·m	台班	26.47		0.045	1.19

表 2-1-20　自卸汽车运土

工作内容：运土、卸土、场内道路洒水。

计量单位：1 000 m³

定额编号			1-264	
项目	单位	单价	自卸汽车运土 – 运距在（km）以内	
			5	
			数量	合计
综合单价	元		20 022.91	
其中 人工费	元		—	
材料费	元		40.42	
机械费	元		14 585.76	
管理费	元		3 646.44	
利润	元		1 750.29	
材料　31150101　水	m³	4.70	8.60	40.42
机械　99071100　自卸汽车	台班	884.59	16.213	14 341.6
99310103　洒水车 罐容量 4 000 L	台班	567.21	0.43	243.90

■ 三、任务实施

1．识读图纸

该基础包含独立基础和条形基础，三类干土，挖深为 1.65 m。

2．信息提取

（1）查看地质勘测察报告与施工组织设计，获取地质土质类别、施工方法。

（2）查看结构施工图，明确土方开挖截面尺寸与长度。

（3）确定基础工作所需工作面及放坡系数。

（4）基础开挖放坡、不放坡以及土方搭接直观图如图 2-1-2 ～图 2-1-6 所示。

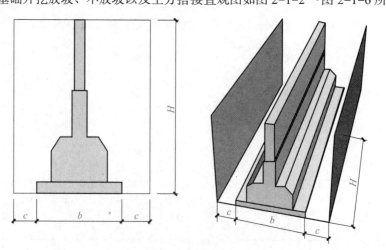

图 2-1-2　基槽不放坡开挖

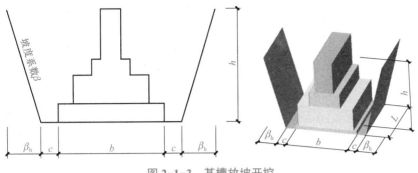

图 2-1-3 基槽放坡开挖

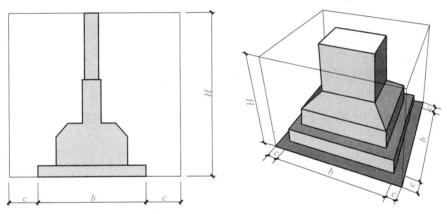

图 2-1-4 基坑不放坡开挖

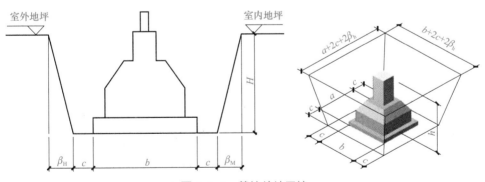

图 2-1-5 基坑放坡开挖

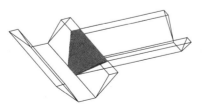

图 2-1-6 基坑放坡开挖搭接部分

3. 清单工程量计算

（1）平整场地。

（19 ＋ 0.24）×（10 ＋ 0.24）＝ 197.02（m²）

（2）挖基坑土方。

J1：1.6×1.6×1.65×4 ＝ 16.896（m³）

J2：1.8×1.8×1.65×2 ＝ 10.692（m³）

J3：2.2×2.2×1.65×6 ＝ 47.916（m³）

小计：16.896 ＋ 10.692 ＋ 47.916 ＝ 75.50（m³）

（3）挖沟槽土方。

Ⓐ、Ⓒ轴：0.6×1.65×［19-2.2×3-（0.78 ＋ 0.1）×2］×2 ＝ 21.067（m³）

①、②轴：0.6×1.65×［10-1.8-（0.83 ＋ 0.1）×2］×2 ＝ 12.553（m³）

小计：21.067 ＋ 12.553 ＝ 33.62（m³）

（4）基础回填。

基础土方回填量：75.5 ＋ 33.62-4.58-4.22-5.6-3.68-15.88-3.15 ＝ 72.01（m³）

4. 计价工程量计算

（1）平整场地。

（19 ＋ 0.24 ＋ 4）×（10 ＋ 0.24 ＋ 4）＝ 330.94（m²）

（2）挖基坑土方。

基坑体积计算公式：$V = (a + 2c + \beta H)(b + 2c + \beta H)H + 1/3\beta^2 H^3$

其中：基地尺寸 a、b，工作面 c，放坡系数 β，挖土深度 H。

本任务中挖土深度为 1.65 m，放坡系数为 0.33，工作面为 300 mm。

J1：

（1.6 ＋ 2×0.3 ＋ 0.33×1.65）×（1.6 ＋ 2×0.3 ＋ 0.33×1.65）×1.65 ＋ 1/3×0.33²×1.65³ ＝ 12.591（m³）

J2：

（1.8 ＋ 2×0.3 ＋ 0.33×1.65）×（1.8 ＋ 0.6 ＋ 0.33×1.65）×1.65 ＋ 1/3×0.33²×1.65³ ＝ 14.469（m³）

J3：

（2.2 ＋ 2×0.3 ＋ 0.33×1.65）×（2.2 ＋ 0.6 ＋ 0.33×1.65）×1.65 ＋ 1/3×0.332×1.65³ ＝ 18.619（m³）

小计：12.591×4 ＋ 14.469×2 ＋ 18.619×6 ＝ 191.02（m³）

（3）挖沟槽土方。

1/2×（0.6 ＋ 2×0.3 ＋ 0.33×1.65）×2×1.65×{［10-（1.8 ＋ 2×0.3）-（0.83 ＋ 0.1 ＋ 0.3）×2］×2 ＋ ［19-（2.2 ＋ 0.3×2）×3-（0.78 ＋ 0.1 ＋ 0.3）×2］×2} ＝ 77.03（m³）

注：计算放坡时，在交接处的重复工程量不扣除。

（4）垫层、圈梁和基础工程量。

4.58 ＋ 4.22 ＋ 5.6 ＋ 3.68 ＋ 15.88 ＋ 3.15 ＝ 37.11（m³）

（5）土方回填量。

191.02 ＋ 77.03-37.11 ＝ 230.94（m³）

（6）余土外运量 37.11 m³（即垫层与基础体积之和）。

5．清单编制

清单编制见表 2-1-21。

表 2-1-21　清单编制

项目编码	项目名称	项目特征	计量单位	工程量
010101001001	平整场地	1．土壤类别：三类土 2．场内运土	m²	197.02
010101003001	挖沟槽土方	1．土壤类别：三类土 2．挖土深度：1.65 m 3．弃土运距：150 m	m³	33.62
010101004001	挖基坑土方	1．土壤类别：三类土 2．挖土深度：1.65 m 3．弃土运距：150 m	m³	75.50
010103001001	基础土方回填	1．夯填 2．余土外运：150 m	m³	72.01

6．清单综合单价计算

（1）平整场地综合单价计算见表 2-1-22。

表 2-1-22　平整场地综合单价计算

项目编码	010101001001		项目名称	平整场地		计量单位	m²	工程量	197.02
清单综合单价组成明细									
定额编号	定额项目名称	定额单位	数量	单价				合价	

定额编号	定额项目名称	定额单位	数量	人工费	材料费	机械费	管理费和利润	人工费	材料费	机械费	管理费和利润
1-98	平整场地	10 m²	0.168	43.89	—	—	16.24	7.374	—	—	2.728
小计											
清单项目综合单价								10.10			

定额 1-98 数量的计算过程：330.94（计价工程量）÷197.02×0.1 ＝ 0.168。

（2）挖沟槽土方综合单价计算见表 2-1-23。

表 2-1-23　挖沟槽土方综合单价计算

项目编码	010101003001		项目名称	挖沟槽土方		计量单位	m³	工程量	33.62
清单综合单价组成明细									
定额编号	定额项目名称	定额单位	数量	单价				合价	
				人工费	材料费	机械费	管理费和利润	人工费	材料费	机械费	管理费和利润

读书笔记

续表

项目编码		010101003001		项目名称		挖沟槽土方		计量单位	m³	工程量	33.62
1-28	深度在3 m以内的三类干土	mm³	2.291	39.27	—	—	14.53	89.968	—	—	33.288
1-92＋1-95×2	单（双）轮车运输	mm³	2.291	20.79	—	—	7.7	47.629			17.641
小计								137.597			50.929
清单项目综合单价								188.53			

定额 1-28 数量的计算过程同上 77.03（计价工程量）÷33.62 ＝ 2.291。

（3）挖基坑土方综合单价计算见表 2-1-24。

表 2-1-24　挖基坑土方综合单价计算

项目编码		010101004001		项目名称		挖基坑土方	计量单位	m³	工程量	75.50	
清单综合单价组成明细											
定额编号	定额项目名称	定额单位	数量	单价				合价			
				人工费	材料费	机械费	管理费和利润	人工费	材料费	机械费	管理费和利润
1-60	深度在3 m以内的三类干土	m³	2.53	45.43	—	—	16.81	114.94	—	—	42.53
1-92×2×1-95	单（双）轮车运输	m³	2.53	20.79	—	—	7.7	52.60	—	—	19.481
小计								167.54			62.01
清单项目综合单价								229.55			

定额 1-60 数量的计算过程同上 191.02÷75.5 ＝ 2.53。

（4）土方回填综合单价计算见表 2-1-25。

表 2-1-25　土方回填综合单价计算

项目编码		010103001001		项目名称		基础土方回填	计量单位	m³	工程量	72.01	
清单综合单价组成明细											
定额编号	定额项目名称	定额单位	数量	单价				合价			
				人工费	材料费	机械费	管理费和利润	人工费	材料费	机械费	管理费和利润

项目编码	010103001001			项目名称	基础土方回填	计量单位	m³	工程量		72.01	
1-104	基础回填土	m³	3.207	21.56	—	1.19	8.42	69.143	—	3.816	27.003
1-92×2×1-95	单（双）轮车运输	m³	3.207	20.79	—	—	7.7	41.829	—	—	15.492
小计								110.972			42.495
清单项目综合单价								153.467			

定额 1-104 数量的计算过程同上 153.467÷72.01 ＝ 2.13。

7. 清单综合价计算

清单综合价计算见表 2-1-26。

表 2-1-26　分部分项工程量清单与计价表

项目编码	项目名称	项目特征	计量单位	工程量	金额 / 元		
					综合单价	合价	其中 暂估价
010101001001	平整场地	1. 土壤类别：三类土 2. 内运输	10 m³	197.02	10.10	1 989.9	
010101003001	挖沟槽土方	1. 土壤类别：三类土 2. 挖土深度：1.65 m 3. 场内运输：150 m	m³	33.62	188.53	6 338.4	
010101004001	挖基坑土方	1. 土壤类别：三类土 2. 挖土深度：1.65 m 3. 场内运输：150 m	m³	75.50	229.55	17 331.03	
010103001001	土方回填	1. 夯填 2. 余土外运：150 m	m³	72.01	122.19	8 798.9	

四、任务练习

某工程中基底土质均匀，为三类土；设计室外地坪标高为 -0.15 m，基坑回填土后余土外运 500 m。该工程基础平面图及轴测图如图 2-1-7 所示，基础详图如图 2-1-8、图 2-1-9 所示，独立基础各部分尺寸见表 2-1-27。计算①轴土方工程量、编制清单并计算清单综合单价。

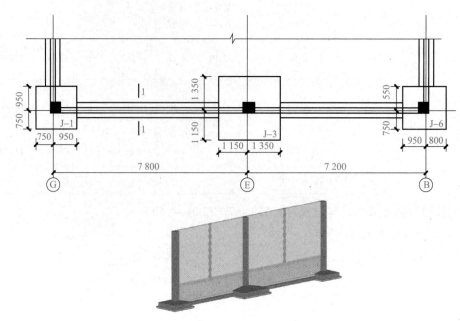

图 2-1-7 基础平面图及轴测图

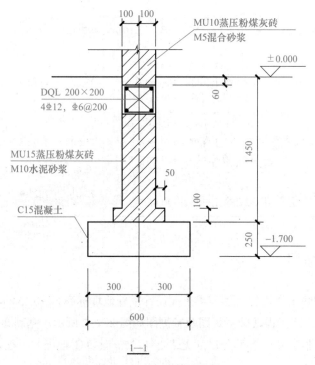

图 2-1-8 条形基础详图

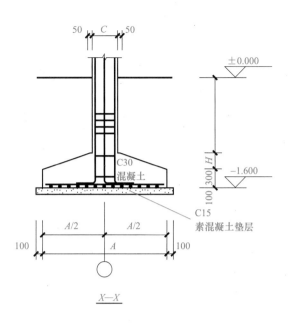

X—X

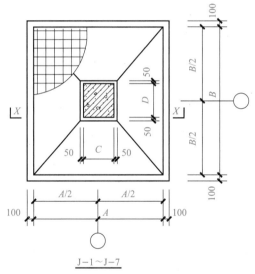

J—1～J—7

图 2-1-9　独立基础详图

表 2-1-27　独立基础尺寸表　　　　　　　　　　单位：mm

编号	A	B	C	D	H
J—1	1 700	1 700	400	400	150
J—3	2 500	2 500	400	400	200
J—6	1 700	1 700	400	400	150

模块名称		砌筑工程		
课题名称		土方工程的清单编制与综合价计算		
学生姓名			所在班级	
所学专业			完成任务时间	
指导老师			完成任务日期	

一、任务描述
详见四、任务练习

二、任务解答
1. 信息收集及做法分析

_____
_____
_____

2. 工程量计算

计算项目	部位	计算单位	计算式	工程量

3. 清单编制

项目编码	项目名称	项目特征	计量单位	工程量

4. 清单综合单价计算

项目编码		项目名称		计量单位		工程量
清单综合单价组成明细						
定额编号	定额项目名称	定额单位	数量	单价				合价			
				人工费	材料费	机械费	管理费和利润	人工费	材料费	机械费	管理费和利润
小计											
清单项目综合单价											

定额单价计算过程：

_____
_____
_____

项目编码				项目名称			计量单位		工程量	
清单综合单价组成明细										
定额编号	定额项目名称	定额单位	数量	单价				合价			
				人工费	材料费	机械费	管理费和利润	人工费	材料费	机械费	管理费和利润
小计											
清单项目综合单价											

定额单价计算过程：

_____

_____

_____

三、体会与总结

四、指导老师评价意见

指导老师签字：

日期：

任务二　混凝土工程主体结构计量与计价

知识目标

1. 熟悉现浇混凝土工程常见施工工艺、构造做法，掌握现浇混凝土工程计量规则、计算方法；

2. 掌握现浇混凝土工程计价基础知识，熟悉现浇混凝土工程常用计价定额。

技能目标

1. 能够正确识读建筑工程图，根据设计图纸、建筑材料、设定的施工方案等列出基础、柱、梁、板、楼梯分部分项清单，计算分项工程量；

2. 能够根据现浇混凝土工程计价规范、计价定额、工程实践，正确套用定额，并能熟练进行定额换算；

3. 能够根据现浇混凝土工程清单特征正确进行组价，计算清单项目的综合单价及综合价。

素质目标

1. 遵守相关法律法规、标准和管理规定；

2. 具有严谨的工作作风、较强的责任心和科学的工作态度；

3. 爱岗敬业，严谨务实，团结协作，具有良好的职业操守。

一、任务描述

任务一

某工程中，±0.000 以下用 240 mm 厚 MU15 蒸压粉煤灰砖，M10 水泥砂浆；±0.000 以上采用 MU10 蒸压粉煤灰砖，M5.0 混合砂浆砌筑。框架柱截面尺寸为 400 mm×400 mm，上部墙体墙长超过 5 m 设钢筋混凝土构造柱（墙厚 ×240 mm），垫层、带形基础、独立基础的混凝土等级分别为 C15、C15、C30，均采用商品泵送混凝土。该工程基础平面图如图 2-1-7 所示，基础详图如图 2-2-1、图 2-1-9 所示，独立基础各部分尺寸见表 2-1-27。计算①轴混凝土垫层、带形基础、独立基础工程量，编制清单并根据市场价计算清单综合价［采用简易计税法，人工、材料、机械、管理费、利润均按照《江苏省建筑与装饰工程计价定额（2014）》计算，不做调整］。

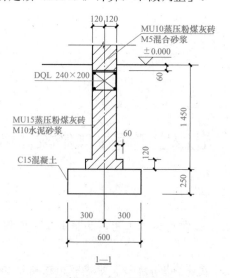

图 2-2-1　带形基础详图

任务二

某工业建筑，全现浇框架结构，地下一层，地上三层。柱、梁、板均采用非泵送预拌 C30 混凝土，其中二层楼面结构如图 2-2-2 所示。已知柱截面尺寸均为 600 mm×600 mm，一层楼面结构标高为 -0.030 m，二层楼面结构标高为 3.30 m，现浇楼板厚为 120 mm，轴线尺寸为柱中心线尺寸。按《计算规范》（GB 50854—2013）的要求，编制一层柱及二层楼面梁、板的混凝土分部分项工程量清单，并分别计算工程量。①分别按《计算规范》（GB 50854—2013）和《江苏省建筑与装饰工程计价定额（2014）》要求计算一层柱及二层楼面梁、板的混凝土工程量；②按《计算规范》的要求，编制一层柱及二层楼面梁、板的混凝土分部分项工程量清单；③按 2014 年计价定额计算一层柱及二层楼面梁、板清单综合单价［采用简易计税法，人工、材料、机械、管理费、利润均按照《江苏省建筑与装饰工程计价定额（2014）》计算，不做调整］。

说明：1. 本层屋面板标高未注明者均为 $H = 3.3$ m；2. 本层梁顶标高未注明者均为 $H = 3.3$ m；3. 梁、柱定位未注明者均关于轴线居中设置。

任务三

某宿舍楼楼梯如图 2-2-3 ～ 图 2-2-6 所示，三类工程，轴线墙中，墙厚为 200 mm，强度等级为 C25，现场自拌混凝土，楼梯斜板厚为 90 mm，计算楼梯工程量，编制清单并根据市场价计算清单综合价［采用简易计税法，人工、材料、机械、管理费、利润均按照《江苏省建筑与装饰工程计价定额（2014）》中计算，不做调整］。

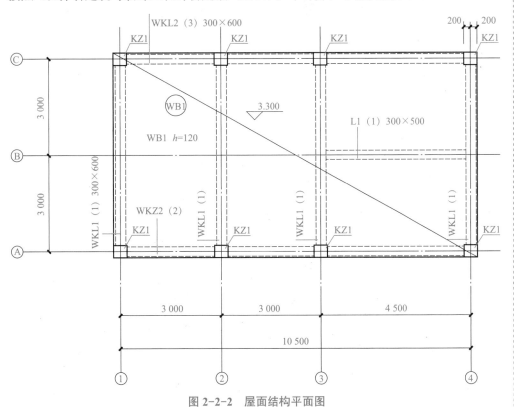

图 2-2-2 屋面结构平面图

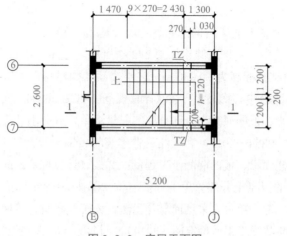

图 2-2-3　底层平面图

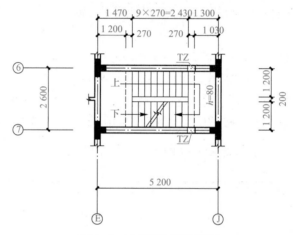

图 2-2-4　二至三层平面图

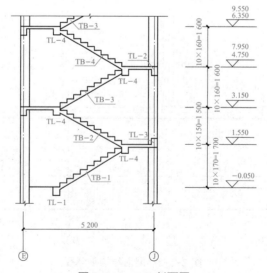

图 2-2-5　1-1 剖面图

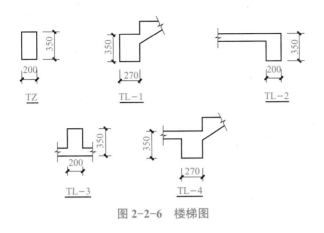

图 2-2-6　楼梯图

二、任务资讯

（一）现浇混凝土主体结构常见分项工程工程量计算规则

（1）现浇混凝土基础清单工程量计算规则见表 2-2-1。

表 2-2-1　现浇混凝土基础清单工程量计算规则

项目编码	项目名称	项目特征	计量单位	工程量计算规则	工作内容
010501001	垫层	1. 混凝土种类 2. 混凝土强度等级	m³	按设计图示尺寸以体积计算。不扣除伸入承台基础的桩头所占体积	1. 模板及支撑制作、安装、拆除、堆放、运输及清理模内杂物、刷隔离剂等 2. 混凝土制作、运输、浇筑、振捣、养护
010501002	带形基础				
010501003	独立基础				
010501004	满堂基础				
010501005	桩承台基础				
010501005	设备基础	1. 混凝土种类 2. 混凝土强度等级 3. 灌浆材料及其强度等级			

注：1. 有肋带形基础、无肋带形基础应按本表中相关项目列项，并注明肋高。

2. 箱式满堂基础中柱、梁、墙、板按《计算规范》表 E.2、表 E.3、表 E.4、表 E.5 相关项目分别编码列项；箱式满堂基础底板按本表的满堂基础项目列项。

3. 框架式设备基础中柱、梁、墙、板分别按《计算规范》表 E.2、表 E.3、表 E.4、表 E.5 相关项目编码列项；基础部分按本表相关项目编码列项。

4. 如为毛石混凝土基础，项目特征应描述毛石所占比例。

（2）现浇混凝土柱清单工程量计算规则见表2-2-2。

表2-2-2　现浇混凝土柱清单工程量计算规则

项目编码	项目名称	项目特征	计量单位	工程量计算规则	工作内容
010502001	矩形柱	1. 混凝土种类 2. 混凝土强度等级	m³	按设计图示尺寸以体积计算。 柱高： 1. 有梁板的柱高，应自柱基上表面（或楼板上表面）至上一层楼板上表面之间的高度计算。 2. 无梁板的柱高，应自柱基上表面（或楼板上表面）至柱帽下表面之间的高度计算。 3. 框架柱的柱高：应自柱基上表面至柱顶高度计算。 4. 构造柱按全高计算，嵌接墙体部分（马牙槎）并入柱身体积。 5. 依附柱上的牛腿和升板的柱帽，并入柱身体积计算	1. 模板及支架（撑）制作、安装、拆除、堆放、运输及清理模内杂物、刷隔离剂等 2. 混凝土制作、运输、浇筑、振捣、养护
010502002	构造柱				
010502003	异形柱	1. 柱形状 2. 混凝土种类 3. 混凝土强度等级			

注：混凝土种类：指清水混凝土、彩色混凝土等，如在同一地区既使用预拌（商品）混凝土又允许现场搅拌混凝土时，也应注明（下同）。

（3）现浇混凝土梁清单工程量计算规则见表2-2-3。

表2-2-3　现浇混凝土梁清单工程量计算规则

项目编码	项目名称	项目特征	计量单位	工程量计算规则	工作内容
010503002	矩形梁	1. 混凝土种类 2. 混凝土强度等级	m³	按设计图示尺寸以体积计算。 伸入墙内的梁头、梁垫并入梁体积内。 梁长： 1. 梁与柱连接时，梁长算至柱侧面 2. 主梁与次梁连接时，次梁长算至主梁侧面	1. 模板及支架（撑）制作、安装、拆除、堆放、运输及清理模内杂物、刷隔离剂等 2. 混凝土制作、运输、浇筑、振捣、养护
010503004	圈梁				
010503005	过梁				

（4）现浇混凝土板清单工程量计算规则见表2-2-4。

表2-2-4　现浇混凝土板清单工程量计算规则

项目编码	项目名称	项目特征	计量单位	工程量计算规则	工作内容
010505001	有梁板	1. 混凝土种类 2. 混凝土强度等级	m³	按设计图示尺寸以体积计算，不扣除单个面积≤0.3 m²的柱、垛以及孔洞所占体积。 压形钢板混凝土楼板扣除构件内压形钢板所占体积。 有梁板（包括主、次梁与板）按梁、板体积之和计算，无梁板按板和柱帽体积之和计算，各类板伸入墙内的板头并入板体积内，薄壳板的肋、基梁并入薄壳体积内计算	1. 模板及支架（撑）制作、安装、拆除、堆放、运输及清理模内杂物、刷隔离剂等 2. 混凝土制作、运输、浇筑、振捣、养护
010505007	天沟（檐沟）、挑檐板			按设计图示尺寸以体积计算	
010505008	雨篷、悬挑板、阳台板			按设计图示尺寸以墙外部分体积计算。包括伸出墙外的牛腿和雨篷反挑檐的体积	

（5）现浇混凝土楼梯清单工程量计算规则见表2-2-5。

表2-2-5　现浇混凝土楼梯清单工程量计算规则

项目编码	项目名称	项目特征	计量单位	工程量计算规则	工作内容
010506001	直形楼梯	1. 混凝土种类 2. 混凝土强度等级	1.m² 2.m³	1. 以平方米计量，按设计图示尺寸以水平投影面积计算。不扣除宽度≤500 mm的楼梯井，伸入墙内部分不计算 2. 以立方米计量，按设计图示尺寸以体积计算	1. 模板及支架（撑）制作、安装、拆除、堆放、运输及清理模内杂物、刷隔离剂等 2. 混凝土制作、运输、浇筑、振捣、养护
010506002	弧形楼梯				

混凝土工程量计算规范清单项目更多内容可通过手机微信、QQ扫描二维码2-2-1获取。

《江苏省建筑与装饰工程计价定额（2014）》中混凝土工程量计算规则的基本规定与《计算规范》中一致。

二维码2-2-1

（二）《江苏省建筑与装饰工程计价定额（2014）》中混凝土工程计价定额说明及相关规定

（1）混凝土石子粒径取定：设计有规定的按设计规定，无设计规定按表2-2-6的规定计算。

表 2-2-6　混凝土石子粒径

石子粒径 /mm	构件名称
5～16	预制板类构件、预制小型构件
5～31.5	现浇构件：矩形柱（构造柱除外）、圆柱、多边形柱（L形、T形、十字形柱除外）、框架梁、单梁、连续梁、地下室防水混凝土墙； 预制构件：柱、梁、桩
5～20	除以上构件外均用此粒径
5～40	基础垫层、各种基础、道路、挡土墙、地下室墙、大体积混凝土

（2）毛石混凝土中的毛石掺量是按 15% 计算的，构筑物中毛石混凝土的毛石掺量是按 20% 计算的。如设计要求不同时，可按比例换算毛石、混凝土数量，其余不变。

（3）现浇柱、墙定额中，均已按规范规定综合考虑了底部铺垫 1 : 2 水泥砂浆的用量。

（4）室内净高超过 8 m 的现浇柱、梁、墙、板（各种板）的人工工日分别乘以下列系数：净高在 12 m 以内乘以 1.18；净高在 18 m 以内乘以 1.25。

（5）小型混凝土构件，是指单体体积在 0.05 m³ 以内的未列出定额的构件。

（6）泵送混凝土定额中已综合考虑了输送泵车台班、布拆管及清洗人工、泵管摊销费、冲洗费。当输送高度超过 30 m 时，输送泵车台班（含 30 m 以内）乘以 1.10；输送高度超过 50 m 时，输送泵车台班（含 50 m 以内）乘以 1.25；输送高度超过 100 m 时，输送泵车台班（含 100 m 以内）乘以 1.35；输送高度超过 150 m 时，输送泵车台班（含 150 m 以内）乘以 1.45；输送高度超过 200 m 时，输送泵车台班（含 200 m 以内）乘以 1.55。

（7）混凝土垫层厚度按 150 mm 以内为准。超过 150 mm 的，按混凝土基础相应定额执行。

混凝土工程定额工程量计价说明及计价工程量计算规则更多内容可通过手机微信、QQ 扫描二维码 2-2-2 获取。

（8）《江苏省建筑与装饰工程计价定额（2014）》中混凝土工程的定额分为三大子分部，分别是自拌混凝土构件、商品混凝土泵送构件、商品混凝土非泵送构件。

二维码 2-2-2

自拌混凝土构件部分有现浇构件、现场预制构件、加工厂预制构件、构筑物及其他相关定额。

商品混凝土泵送构件部分有泵送现浇构件、泵送预制构件、泵送构筑物相关定额。

商品混凝土非泵送构件部分有非泵送现浇构件、现场非泵送预制构件、非泵送构筑物相关定额。

混凝土工程常用定额子目见表 2-2-7。

表 2-2-7　常用混凝土工程定额子目

子分部	定额编号	定额名称
现浇构件	6-1	垫层
	6-3	无梁式混凝土条形基础
	6-4	有梁式混凝土条形基础
	6-6	无梁式满堂（板式）基础
	6-7	有梁式满堂（板式）基础
	6-8	桩承台、独立基础
	6-14	矩形柱
	6-17	构造柱
	6-19	单梁、框架梁、连续梁
	6-21	圈梁
	6-22	过梁
	6-32	有梁板
	6-45	直形楼梯
	6-46	圆形、弧形楼梯
现场预制构件	6-60	方桩
	6-65	矩形梁、托架梁
	6-72	组合屋架
	6-77	平板、隔断板
加工厂预制构件	6-86	矩形梁
	6-89	过梁
构筑物	6-114	混凝土烟囱基础
	6-123	方形（钢模）水塔钢筋混凝土基础
泵送现浇构件	6-178	垫层
	6-180	无梁式混凝土条形基础
	6-181	有梁式混凝土条形基础
	6-183	无梁式满堂（板式）基础
	6-184	有梁式满堂（板式）基础
	6-185	桩承台、独立基础
	6-190	矩形柱
	6-194	单梁、框架梁、连续梁
	6-196	圈梁
	6-197	过梁
	6-207	有梁板
	6-213	直形楼梯
	6-214	圆形、弧形楼梯

子分部	定额编号	定额名称
泵送预制构件	6-228	方桩
	6-233	矩形梁、托架梁
泵送构筑物	6-240	混凝土烟囱基础
	6-249	方形（钢模）水塔钢筋混凝土基础
非泵送现浇构件	6-301	垫层
	6-303	无梁式混凝土条形基础
	6-304	有梁式混凝土条形基础
	6-306	无梁式满堂（板式）基础
	6-307	有梁式满堂（板式）基础
	6-308	桩承台、独立基础
	6-313	矩形柱
	6-316	构造柱
	6-318	单梁、框架梁、连续梁
	6-320	圈梁
	6-321	过梁
	6-331	有梁板
	6-337	直形楼梯
	6-338	圆形、弧形楼梯
现场非泵送预制构件	6-352	方桩
	6-357	矩形梁、托架梁
	6-364	组合屋架
	6-369	平板、隔断板
非泵送构筑物	6-378	混凝土烟囱基础
	6-387	方形（钢模）水塔钢筋混凝土基础

（9）《江苏省建筑与装饰工程计价定额（2014）》中混凝土工程计价定额节选见表 2-2-8～表 2-2-20。

表 2-2-8 现浇构件相关计价定额 1

工作内容：混凝土搅拌、水平运输、浇捣、养护。　　　　　　　　　　　　计量单位：m³

定额编号			6-1	
项目	单位	单价	垫层	
			数量	合计
综合单价	元		385.69	

定额编号				6-1	
其中	人工费		元	112.34	
	材料费		元	222.07	
	机械费		元	7.09	
	管理费		元	29.86	
	利润		元	14.33	
	二类工	工日	82.00	1.37	112.34
材料	80210142	现浇混凝土 C10	m³	217.54	1.01	219.72
	80210143	现浇混凝土 C15	m³	219.69	(1.01)	(221.89)
	80210144	现浇混凝土 C20	m³	236.14		
	80210145	现浇混凝土 C25	m³	249.52		
	80210148	现浇混凝土 C30	m³	251.84		
	04110200	毛石	t	50.00		
	02090101	塑料薄膜	m²	0.80		
	31150101	水	m³	4.70	0.50	2.35
机械	99050152	滚筒式混凝土搅拌机（电动）出料容量 400 L	台班	156.81	0.038	5.96
	99052108	混凝土振动器 平板式	台班	14.93	0.076	1.13
	99052107	混凝土振动器 插入式	台班	11.87		
	99071903	机动翻斗车 装载量 1 t	台班	190.03		

表 2-2-9 现浇构件相关计价定额 2

工作内容：混凝土搅拌、水平运输、浇捣、养护。　　　　计量单位：10 m² 平投影面积

定额编号			6-45	
项目	单位	单价	直形楼梯	
			数量	合计
综合单价		元	1 026.32	
其中	人工费	元	319.8 0	
	材料费	元	542.4 2	
	机械费	元	33.41	
	管理费	元	88.30	
	利润	元	42.39	

定额编号				6-45	
二类工		工日	82.00	3.90	319.80
材料	80210118	现浇混凝土 C20	m³	254.72	2.06	524.72
	80210119	现浇混凝土 C25	m³	269.47	(2.06)	(555.11)
	80210122	现浇混凝土 C30	m³	272.52	(2.06)	(561.39)
	02090101	塑料薄膜	m²	0.80	5.50	4.40
	31150101	水	m³	4.70	2.83	13.30
机械	99050152	滚筒式混凝土搅拌机（电动）出料容量 400 L	台班	156.81	0.185	29.01
	99052107	混凝土振动器 插入式	台班	11.87	0.371	4.40

注：1. 雨篷挑出超过 1.5 m 或柱式雨篷，不执行雨篷定额，另按相应有梁板和柱定额执行。

2. 雨篷三个檐边往上翻的为复式雨篷，仅为平板的为板式雨篷。

3. 楼梯、雨篷的混凝土按设计用量加 1.5% 损耗按相应定额进行调整。

表 2-2-10　现浇构件相关计价定额 3

工作内容：混凝土搅拌、水平运输、浇捣、养护。　　　　　　　　　　　　计量单位：m³

定额编号				6-50	
项目		单位	单价	楼梯、雨篷、阳台、台阶混凝土含量每增减	
				数量	合计
综合单价			元		499.41
其中	人工费		元		162.36
	材料费		元		254.72
	机械费		元		16.25
	管理费		元		44.65
	利润		元		21.43
二类工		工日	82.00	1.98	162.36
材料	80210118	现浇混凝土 C20	m³	254.72	1.00	254.72
	80210119	现浇混凝土 C25	m³	269.47	(1.00)	(269.47)
	80210122	现浇混凝土 C30	m³	272.52	(1.00)	(272.52)
	02090101	塑料薄膜	m²	0.80		
	31150101	水	m³	4.70		
机械	99050152	滚筒式混凝土搅拌机（电动）出料容量 400 L	台班	156.81	0.09	14.11
	99052107	混凝土振动器 插入式	台班	11.87	0.18	2.14

注：1. 阳台挑出超过 1.8 m，不执行阳台定额，另按相应有梁板定额执行。

2. 阳台的混凝土按设计用量加 1.5% 损耗按相应定额进行调整。

表 2-2-11　现场预制构件相关计价定额

工作内容：混凝土搅拌、水平运输、浇捣、养护、成品归堆。　　　　　　　　　　　计量单位：m³

定额编号				6-65	
项目		单位	单价	矩形梁 托架梁	
				数量	合计
综合单价		元		401.02	
其中	人工费	元		78.72	
	材料费	元		258.84	
	机械费	元		25.06	
	管理费	元		25.95	
	利润	元		12.45	
二类工		工日	82.00	0.96	78.72
材料	80210131	现浇混凝土 C20	m³	248.20	1.015	251.92
	80210118	现浇混凝土 C20	m³	254.72		
	80210132	现浇混凝土 C25	m³	262.07	（1.015）	（266.00）
	80210135	现浇混凝土 C30	m³	264.98	（1.015）	（268.95）
	02090101	塑料薄膜	m²	0.80	0.77	0.62
	31150101	水	m³	4.70	1.34	6.30
机械	99050152	滚筒式混凝土搅拌机（电动） 出料容量 400 L	台班	156.81	0.043	6.74
	99052107	混凝土振动器 插入式	台班	11.87	0.087	1.03
	99071903	机动翻斗车 装载量 1 t	台班	190.03	0.091	17.29

表 2-2-12　加工厂预制构件相关计价定额

工作内容：混凝土搅拌、水平运输、浇捣、养护、成品堆放。　　　　　　　　　　　计量单位：m³

定额编号				6-89	
项目		单位	单价	过梁	
				数量	合计
综合单价		元		461.66	
其中	人工费	元		80.36	
	材料费	元		282.62	
	机械费	元		50.33	
	管理费	元		32.67	
	利润	元		15.68	
二类工		工日	82.00	0.98	80.36

定额编号					6-89	
材料	80212721	加工厂预制混凝土 C20	m³	248.45	（1.015）	（252.18）
	80212722	加工厂预制混凝土 C25	m³	262.79	1.015	266.73
	80212742	加工厂预制混凝土 C25	m³	255.51		
	80212745	加工厂预制混凝土 C30	m³	258.55		
	80212748	加工厂预制混凝土 C40	m³	283.77		
	32090101	周转木材	m³	1 850.00	0.001	1.85
	02090101	塑料薄膜	m²	0.80	1.98	1.58
	31150101	水	m³	4.70	1.80	8.46
		其他材料	元			4.00
机械	99050152	滚筒式混凝土搅拌机（电动）出料容量 400 L	台班	156.81	0.044	6.90
	99052107	混凝土振动器 插入式	台班	11.87	0.087	1.03
	99072306	皮带运输机 带长 15 m×带宽 0.5 m	台班	190.02	0.044	8.36
	99071903	机动翻斗车 装载量 1 t	台班	190.03	0.065	12.35
	99094528	起重机械	台班	493.04	0.044	21.69

表 2-2-13　泵送现浇构件相关计价定额 1

工作内容：购入预拌混凝土、泵送、浇捣、养护。　　　　　　　　　　　　　计量单位：m³

定额编号				6-178		
项目			单位	单价	垫层	
					数量	合计
综合单价			元			409.10
其中		人工费	元			39.36
		材料费	元			336.68
		机械费	元			13.50
		管理费	元			13.22
		利润	元			6.34
	二类工		工日	82.00	0.48	39.36
材料	80212101	预拌混凝土（泵送型）C10	m³	329.00	1.015	333.94
	80212102	预拌混凝土（泵送型）C15	m³	332.00	（1.015）	（336.98）
	31150101	水	m³	4.70	0.53	2.49
		泵管摊销费	元			0.25
机械	99051304	混凝土输送泵车 输送量 60 m³/h	台班	1 767.77	0.007	12.37
	99052108	混凝土振动器 平板式	台班	14.93	0.076	1.13

表 2-2-14　泵送现浇构件相关计价定额 2

工作内容：购入预拌混凝土、泵送、浇捣、养护。　　　　　　　　　　　　　　　　　　计量单位：m³

定额编号				6-180		6-181	
项目		单位	单价	条形基础			
				混凝土			
				无梁式		有梁式	
				数量	合计	数量	合计
综合单价		元		407.65		407.16	
其中	人工费	元		24.60		24.60	
	材料费	元		355.88		355.39	
	机械费	元		13.19		13.19	
	管理费	元		9.45		9.45	
	利润	元		4.53		4.53	
二类工		工日	82.00	0.30	24.60	0.30	24.60
材料	80212103　预拌混凝土（泵送型）C20	m³	342.0	1.02	348.8	1.02	348.8
	04110200　毛石	t	50.00				
	02090101　塑料薄膜	m²	0.80	1.73	1.38	1.47	1.18
	31150101　水	m³	4.70	1.15	5.41	1.09	5.12
	泵管摊销费	元			0.25		0.25
机械	99052107　混凝土振动器 插入式	台班	11.87	0.069	0.82	0.069	0.82
	99051304　混凝土输送泵车 输送量 60 m³/h	台班	1 767.77	0.007	12.37	0.007	12.37

表 2-2-15　泵送现浇构件相关计价定额 3

工作内容：购入预拌混凝土、泵送、浇捣、养护。　　　　　　　　　　　　　　　　　　计量单位：m³

定额编号				6-185	
项目		单位	单价	桩承台 独立柱基	
				数量	合计
综合单价		元		405.83	
其中	人工费	元		24.60	
	材料费	元		354.06	
	机械费	元		13.19	
	管理费	元		9.45	
	利润	元		4.53	
二类工		工日	82.00	0.30	24.06

定额编号					6-185	
材料	80212103	预拌混凝土（泵送型）C20	m³	342.00	1.02	348.84
	02090101	塑料薄膜	m²	0.80	0.81	0.65
	31150101	水	m³	4.70	0.92	4.32
		泵管摊销费	元			0.25
机械	99052107	混凝土振动器 插入式	台班	11.87	0.069	0.82
	99051304	混凝土输送泵车 输送量 60 m³/h	台班	1 767.77	0.007	12.37

表 2-2-16　泵送现浇构件相关计价定额 4

工作内容：购入预拌混凝土、泵送、浇捣、养护。　　　　　　　　　　　　　　　计量单位：m³

定额编号				6-190	
项目		单位	单价	矩形柱	
				数量	合计
综合单价		元		488.12	
其中	人工费	元		62.32	
	材料费	元		373.26	
	机械费	元		21.52	
	管理费	元		20.96	
	利润	元		10.06	
	二类工	工日	82.00	0.76	62.32
材料	80212105 预拌混凝土（泵送型）C30	m³	362.00	0.99	358.38
	80010123 水泥砂浆 1：2	m³	275.64	0.031	8.54
	02090101 塑料薄膜	m²	0.80	0.28	0.22
	31150101 水	m³	4.70	1.25	5.88
	泵管摊销费	元			0.24
机械	99052107 混凝土振动器 插入式	台班	11.87	0.112	1.33
	99050503 灰浆搅拌机 拌筒量 200 L	台班	122.64	0.006	0.74
	99051304 混凝土输送泵车 输送量 60 m³/h	台班	1 767.77	0.011	19.45

表 2-2-17　泵送现浇构件相关计价定额 5

工作内容：购入预拌混凝土、泵送、浇捣、养护。　　　　　　　　　　　　　　　计量单位：m³

定额编号			6-207	
项目	单位	单价	有梁板	
			数量	合计
综合单价	元		461.46	

续表

定额编号				6-207	
其中	人工费		元		36.08
	材料费		元		383.05
	机械费		元		21.15
	管理费		元		14.31
	利润		元		6.87
	二类工	工日	82.00	0.44	36.08
材料	80212105	预拌混凝土（泵送型）C30	m³	362.00	1.02	369.24
	02090101	塑料薄膜	m²	0.80	5.03	4.02
	31150101	水	m³	4.70	2.03	9.54
		泵管摊销费	元			0.25
机械	99052108	混凝土振动器 平板式	台班	14.93	0.114	1.70
	99051304	混凝土输送泵车 输送量 60 m³/h	台班	1 767.77	0.011	19.45

表 2-2-18　泵送现浇构件相关计价定额 6

工作内容：购入预拌混凝土、泵送、浇捣、养护。　　　　　　　　　　计量单位：10 m² 水平投影面积

定额编号				6-213	
项目		单位	单价	直形楼梯	
				数量	合计
综合单价			元		995.07
其中	人工费		元		126.28
	材料费		元		726.43
	机械费		元		69.81
	管理费		元		49.02
	利润		元		23.53
	二类工	工日	82.00	1.54	126.28
材料	80212103	预拌混凝土（泵送型）C20	m³	342.00	2.07	707.94
	02090101	塑料薄膜	m²	0.80	5.50	4.40
	31150101	水	m³	4.70	2.89	13.58
		泵管摊销费	元			0.51
机械	99052107	混凝土振动器 插入式	台班	11.87	0.371	4.40
	99051304	混凝土输送泵车 输送量 60 m³/h	台班	1 767.77	0.037	65.41

注：1. 雨篷挑出超过 1.5 m 或柱式雨篷，不执行雨篷定额，另按相应有梁板和柱定额执行。

2. 雨篷三个檐边往上翻的为复式雨篷，仅为平板的为板式雨篷。

3. 楼梯、雨篷的混凝土按设计用量加 1.5% 损耗按相应定额进行调整。

表 2-2-19　非泵送现浇构件相关计价定额 1

工作内容：购入预拌混凝土、水平运输、浇捣、养护。　　　　　　　　　　　　　　　　计量单位：m³

定额编号				6-313	
项目		单位	单价	矩形柱	
				数量	合计
综合单价		元		498.23	
其中	人工费	元		95.94	
	材料费	元		363.96	
	机械费	元		2.07	
	管理费	元		24.50	
	利润	元		11.76	
	二类工	工日	82.00	1.17	95.94
材料	80212115 预拌混凝土（非泵送型）C20	m³	333.00		
	80212117 预拌混凝土（非泵送型）C30	m³	353.00	0.99	349.47
	80010123 水泥砂浆 1：2	m³	275.64	0.031	8.54
	02090101 塑料薄膜	m²	0.80	0.28	0.22
	31150101 水	m³	4.70	1.22	5.73
机械	99052107 混凝土振动器　插入式	台班	11.87	0.112	1.33
	99050503 灰浆搅拌机 拌筒容量 200 L	台班	122.64	0.006	0.74

表 2-2-20　非泵送现浇构件相关计价定额 2

工作内容：购入预拌混凝土、水平运输、浇捣、养护。　　　　　　　　　　　　　　　　计量单位：m³

定额编号				6-331	
项目		单位	单价	有梁板	
				数量	合计
综合单价		元		452.21	
其中	人工费	元		55.76	
	材料费	元		373.48	
	机械费	元		1.70	
	管理费	元		14.37	
	利润	元		6.90	
	二类工	工日	82.00	0.68	55.76
材料	80212117 预拌混凝土（非泵送型）C30	m³	353.00	1.02	360.06
	02090101 塑料薄膜	m²	0.80	5.03	4.02
	31150101 水	m³	4.70	2.00	9.40
机械	99052108 混凝土振动器 平板式	台班	14.93	0.114	1.70

三、任务实施

任务一

1. 识读图纸

本案例中垫层为 C15 素混凝土，带形基础混凝土强度等级为 C15，独立基础混凝土强度等级为 C30，因混凝土垫层厚度按 150 mm 以内为准，超过 150 mm 的，按混凝土基础计算，本案例中砖基础下混凝土厚度为 250 mm，应按混凝土基础计算。

2. 信息提取

本案例中，垫层厚度为 100 mm，条形基础截面尺寸为 600 mm×250 mm，独立基础尺寸见表 2-2-1。

3. 工程量计算

工程量计算见表 2-2-21。

表 2-2-21　工程量计算

计算项目	计量单位	计算式	工程量
垫层	m^3	$V_{J-1} = 1.9 \times 1.9 \times 0.1 = 0.361$（$m^3$） $V_{J-3} = 2.7 \times 2.7 \times 0.1 = 0.729$（$m^3$） $V_{J-6} = 1.9 \times 1.9 \times 0.1 = 0.361$（$m^3$） 扣与带形基础搭接部分： $0.1 \times 0.1 \times 0.6 \times 4 = 0.024$（$m^3$） $V = V_{J-1} + V_{J-3} + V_{J-6} - 0.024 = 1.427$（$m^3$）	1.43
带形基础	m^3	基础长度：$L = 7.8-0.95-1.15 + 7.2-1.35-0.95 = 10.6$（m） 截面面积：$S = 0.6 \times 0.25 = 0.15$（$m^2$） 体积：$0.15 \times 10.6 = 1.59$（$m^3$）	1.59
独立基础	m^3	$V_{J-1} = 1.7^2 \times 0.3 + 0.15/6 \times (1.7^2 + 0.5^2 + 2.2^2) = 1.066\ 5$（$m^3$） $V_{J-3} = 2.5^2 \times 0.3 + 0.02/6 \times (2.5^2 + 0.5^2 + 3^2) = 2.391\ 7$（$m^3$） $V_{J-6} = 1.7^2 \times 0.3 + 0.15/6 \times (1.7^2 + 0.5^2 + 2.2^2) = 1.066\ 5$（$m^3$） $V = V_{J-1} + V_{J-3} + V_{J-6} = 4.525$（$m^3$）	4.52

4. 清单编制

清单编制见表 2-2-22。

表 2-2-22　清单编制

项目编码	项目名称	项目特征	计量单位	工程量
010501001001	垫层	1. 混凝土种类：泵送商品混凝土 2. 混凝土强度等级：C15	m^3	1.43
010501002001	带形基础	1. 混凝土种类：泵送商品混凝土 2. 混凝土强度等级：C15	m^3	1.59
010501003001	独立基础	1. 混凝土种类：泵送商品混凝土 2. 混凝土强度等级：C30	m^3	4.52

5. 清单综合单价计算

（1）垫层综合单价计算见表 2-2-23。

表 2-2-23 垫层综合单价计算

项目编码	010501001001	项目名称	垫层	计量单位	m³	工程量	1.43
清单综合单价组成明细							
定额编号	定额项目名称	定额单位	数量	单价			
				人工费	材料费	机械费	管理费和利润
6-178换	垫层	m³	1	39.36	339.72	13.50	19.56
小计							
清单项目综合单价							

合价			
人工费	材料费	机械费	管理费和利润
39.36	339.72	13.50	19.56
39.36	339.72	13.50	19.56
412.14			

C10 预拌混凝土（泵送型）换为 C15 预拌混凝土（泵送型），查表 2-2-14 可知 C15 预拌混凝土（泵送型）单价为 332.00 元 /m³。

材料费增加 336.98-333.94 = 3.04（元），材料费合计 336.68 + 3.04 = 339.72（元）。

（2）带形基础综合单价计算见表 2-2-24。

表 2-2-24 带形基础综合单价计算

项目编码	010501002001	项目名称	带形基础	计量单位	m³	工程量	1.59
清单综合单价组成明细							
定额编号	定额项目名称	定额单位	数量	单价			
				人工费	材料费	机械费	管理费和利润
6-180换	带形基础	m³	1	24.60	345.68	13.19	13.98
小计							
清单项目综合单价							

合价			
人工费	材料费	机械费	管理费和利润
24.60	345.68	13.19	13.98
24.60	345.68	13.19	13.98
397.45			

C20 预拌混凝土（泵送型）换为 C15 预拌混凝土（泵送型），查表 2-2-13 可知 C15 预拌混凝土（泵送型）单价为 332.00 元 /m³。

材料费减去（342-332）×1.02 = 10.2（元），材料费合计 355.88-10.2 = 345.68（元）。

（3）独立基础综合单价计算见表 2-2-25。

表 2-2-25 独立基础综合单价计算

项目编码	01050100001	项目名称	独立基础	计量单位	m³	工程量	4.52
清单综合单价组成明细							
定额编号	定额项目名称	定额单位	数量	单价			
				人工费	材料费	机械费	管理费和利润
6-185换	独立基础	m³	1	24.60	374.46	13.19	13.98
小计							
清单项目综合单价							

合价			
人工费	材料费	机械费	管理费和利润
24.60	374.46	13.19	13.98
24.60	374.46	13.19	13.98
426.23			

C20 预拌混凝土（泵送型）换为 C30 预拌混凝土（泵送型），查表 2-2-14 可知 C30 预拌混凝土（泵送型）单价为 362.00 元 /m³。

材料费增加（362-342）×1.02 = 20.4（元），材料费合计 354.06 + 20.4 = 374.46（元）

6. 清单综合价计算

清单综合计算见表 2-2-26。

表 2-2-26　分部分项工程量清单与计价表

项目编码	项目名称	项目特征	计量单位	工程量	金额 / 元		
					综合单价	合价	其中
							暂估价
010501001001	垫层	1. 混凝土种类：泵送商品混凝土 2. 混凝土强度等级：C15	m³	1.43	412.14	589.36	
010501002001	带形基础	1. 混凝土种类：泵送商品混凝土 2. 混凝土强度等级：C15	m³	1.59	397.45	631.95	
010501003001	独立基础	1. 混凝土种类：泵送商品混凝土 2. 混凝土强度等级：C30	m³	4.52	426.23	1 926.56	

任务二

1. 信息提取

本案例中柱、梁、板均采用非泵送预拌 C30 混凝土，柱截面尺寸均为 600 mm×600 mm，WKL1 截面尺寸为 300 mm×600 mm，WKL2 截面尺寸为 300 mm×600 mm，L1 截面尺寸 300 mm×500 mm，板厚为 120 mm。

2. 工程量计算

工程量计算见表 2-2-27。

表 2-2-27　工程量计算

计算项目	计量单位	计算式	工程量
矩形柱	m³	$V = 0.6^2 \times (4.47 + 0.03) \times 8 = 12.96$（m³）	12.96
有梁板	m³	板：（10.5 + 0.3×2）×（3 + 3 + 0.3×2）×0.12 = 8.791（m³） 梁： WKL1：0.3×（0.6-0.12）×（6-0.3×2）×4 = 3.110（m³） WKL2：0.3×（0.6-0.12）×（10.5-0.6×2-0.3×2）×2 = 2.506（m³） L1：0.3×（0.5-0.12）×（4.5-0.15×2）= 0.479（m³） 体积：8.791 + 3.110 + 2.506 + 0.479 = 14.886（m³）	14.89

3. 清单编制

清单编制见表2-2-28。

表2-2-28　清单编制

项目编码	项目名称	项目特征	计量单位	工程量
010502001001	矩形柱	1. 混凝土种类：非泵送商品混凝土 2. 混凝土强度等级：C30	m³	12.96
010505001001	有梁板	1. 混凝土种类：非泵送商品混凝土 2. 混凝土强度等级：C30	m³	14.89

4. 清单综合单价计算

（1）矩形柱综合单价计算见表2-2-29。

表2-2-29　矩形柱综合单价计算

项目编码	010502001001	项目名称	矩形柱	计量单位	m³	工程量	12.96

清单综合单价组成明细											
定额编号	定额项目名称	定额单位	数量	单价				合价			
				人工费	材料费	机械费	管理费和利润	人工费	材料费	机械费	管理费和利润
6-313	矩形柱	m³	1	95.94	363.96	2.07	36.26	95.94	363.96	2.07	36.26
小计								95.94	363.96	2.07	36.26
清单项目综合单价							498.23				

（2）有梁板综合单价计算见表2-2-30。

表2-2-30　有梁板综合单价计算

项目编码	010505001001	项目名称	有梁板	计量单位	m³	工程量	14.89

清单综合单价组成明细											
定额编号	定额项目名称	定额单位	数量	单价				合价			
				人工费	材料费	机械费	管理费和利润	人工费	材料费	机械费	管理费和利润
6-331	有梁板	m³	1	55.76	373.48	1.70	21.27	55.76	373.48	1.70	21.27
小计								55.76	373.48	1.70	21.27
清单项目综合单价							452.21				

5. 清单综合价计算

清单综合价计算见表 2-2-31。

表 2-2-31　分部分项工程量清单与计价表

项目编码	项目名称	项目特征	计量单位	工程量	金额 / 元		
					综合单价	合价	其中
							暂估价
010502001001	矩形柱	1. 混凝土种类：非泵送商品混凝土 2. 混凝土强度等级：C30	m³	12.96	498.23	6 457.06	
010505001001	有梁板	1. 混凝土种类：非泵送商品混凝土 2. 混凝土强度等级：C30	m³	14.89	452.21	6 733.41	

任务三

1. 图纸识读和信息收集

整体楼梯包括休息平台、平台梁、斜梁及楼梯梁，但不包含梯柱，因此对定额混凝土含量进行调整时不考虑梯柱的混凝土体积。

2. 工程量计算

混凝土楼梯：$(2.6-0.2) \times (0.27 + 2.43 + 1.3-0.1) \times 3 = 28.08$（m²）

楼梯混凝土含量调整：

楼梯：TL1：$0.27 \times 0.35 \times (1.2-0.1) = 0.104$（m³）

TL2：$0.2 \times 0.35 \times (2.6-2 \times 0.2) \times 2 = 0.308$（m³）

TL3：$0.2 \times 0.35 \times (2.6-2 \times 0.2) = 0.154$（m³）

TL4：$0.27 \times 0.35 \times (2.6-0.2) \times 6 = 1.361$（m³）

一层休息平台：$(1.03-0.1) \times (2.6 + 0.2) \times 0.12 = 0.312$（m³）

二～三层休息平台：$0.93 \times 2.8 \times 0.08 \times 2 = 0.417$（m³）

TB1 斜板：$0.09 \times \sqrt{2.43^2 + (9 \times 0.17)^2} \times 1.1 = 0.284$（m³）

TB2 斜板：$0.09 \times \sqrt{2.43^2 + (9 \times 0.15)^2} \times 1.1 = 0.275$（m³）

TB3、TB4 斜板：$0.09 \times \sqrt{2.43^2 + (9 \times 0.16)^2} \times 1.1 \times 4 = 1.119$（m³）

TB1 踏步：$0.27 \times 0.17 \div 2 \times 1.1 \times 9 = 0.227$（m³）

TB2 踏步：$0.27 \times 0.15 \div 2 \times 1.1 \times 9 = 0.200$（m³）

TB3、TB4 踏步：$0.27 \times 0.16 \div 2 \times 1.1 \times 9 \times 4 = 0.855$（m³）

设计含量：$5.616 \times 1.015 = 5.700$（m³）

楼梯应调减混凝土含量：$5.700/28.08 \times 10-2.06 = -0.03$（m³）

3. 清单编制

清单编制见表 2-2-32。

表 2-2-32　清单编制

项目编码	项目名称	项目特征	计量单位	工程量
010506001001	直形楼梯	1. 混凝土种类：现场自拌混凝土 2. 混凝土强度等级：C25	m²	28.08

4. 清单综合单价计算

直形楼梯综合单价计算见表 2-2-33。

表 2-2-33　直形楼梯综合单价计算

项目编码	01 050600 1001	项目名称	直形楼梯	计量单位	m²	工程量	28.08

定额编号	定额项目名称	定额单位	数量	单价				合价			
				人工费	材料费	机械费	管理费和利润	人工费	材料费	机械费	管理费和利润
6-45 换	直形楼梯	10 m² 平投影面积	0.1	319.8	572.81	33.41	130.69	31.98	57.28	3.34	13.07
6-50 换	楼梯、雨篷、阳台、台阶混凝土含量减	m³	0.003	162.36	269.47	16.25	66.08	0.49	0.81	0.05	0.2
小计								31.49	56.47	3.29	12.87
清单项目综合单价								104.12			

6-45 换：C20 现浇混凝土换为 C25 现浇混凝土，查表 2-2-10 可知 C25 现浇混凝土单价 269.47 元 /m³。

材料费增加 555.11-524.72 ＝ 30.39（元），材料费合计 542.42 ＋ 30.39 ＝ 572.81（元）

6-50 换：C20 现浇混凝土换为 C25 现浇混凝土，查表 2-2-10 可知 C25 现浇混凝土单价 269.47 元 /m³。

材料费增加 269.47-254.72 ＝ 14.75（元），材料费合计 254.72 ＋ 14.75 ＝ 269.47（元）

5. 清单综合价计算

清单综合价计算见表 2-2-34。

表 2-2-34　分部分项工程量清单与计价表

项目编码	项目名称	项目特征	计量单位	工程量	金额 / 元		
					综合单价	合价	其中
							暂估价
010506001001	直形楼梯	1. 混凝土种类：现场自拌混凝土 2. 混凝土强度等级：C25	m²	28.08	104.12	2 923.69	

■ 四、任务练习

某加油库标高 10.000 结构平面图如图 2-2-7 所示，剖面图如图 2-2-8、图 2-2-9 所示，本工程为三类工程，全现浇框架结构，柱、梁、板混凝土均为非泵送现场搅拌，C25 混凝土。柱：500 mm×500 mm，L1 梁：300 mm×550 mm，L2 梁：300 mm×500 mm；现浇板厚：100 mm。轴线尺寸为柱和梁中心线尺寸。①分别按《计算规范》和《江苏省建筑与装饰工程计价定额（2014）》要求计算柱、梁、板的混凝土工程量；②按《计算规范》的要求，编制柱、梁、板的混凝土分部分项工程量清单；③按《江苏省建筑与装饰工程计价定额（2014）》计算柱、梁、板清单综合单价［采用简易计税法，人工、材料、机械、管理费、利润均按照《江苏省建筑与装饰工程计价定额（2014）》计算，不做调整］。

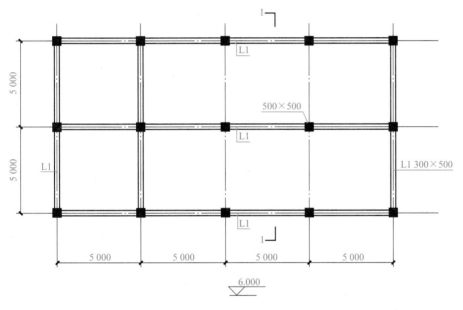

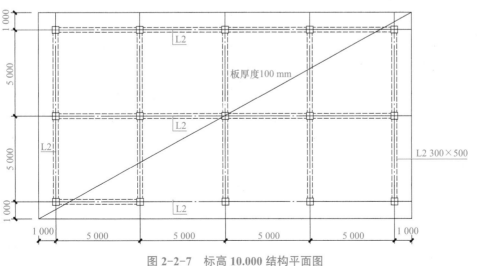

图 2-2-7 标高 10.000 结构平面图

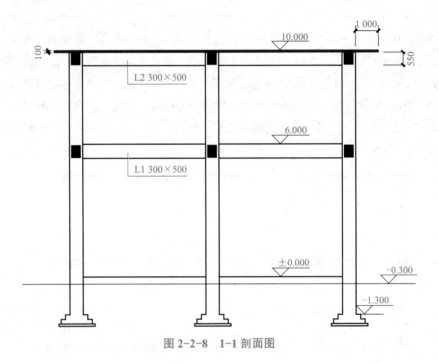

图 2-2-8　1-1 剖面图

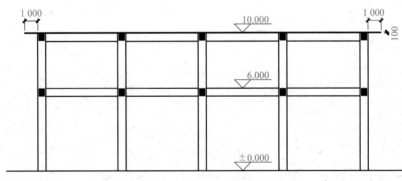

图 2-2-9　2-2 剖面图

任务名称	混凝土工程主体结构计量与计价		
课题名称	混凝土柱、梁、板的清单编制与综合价计算		
学生姓名		所在班级	
所学专业		完成任务时间	
指导老师		完成任务日期	

一、任务描述
详见四、任务练习

二、任务解答
1. 信息收集

_____

_____

2. 工程量计算

计算项目	部位	计算单位	计算式	工程量

3. 清单编制

项目编码	项目名称	项目特征	计量单位	工程量

4. 清单综合单价计算

项目编码		项目名称	计量单位		工程量	
清单综合单价组成明细						

定额编号	定额项目名称	定额单位	数量	单价				综合价			
				人工费	材料费	机械费	管理费和利润	人工费	材料费	机械费	管理费和利润
小计											
清单项目综合单价											

定额单价计算过程：

_____

_____

| 项目编码 | | 项目名称 | | 计量单位 | | 工程量 | |

清单综合单价组成明细											
定额编号	定额项目名称	定额单位	数量	单价				综合价			
				人工费	材料费	机械费	管理费和利润	人工费	材料费	机械费	管理费和利润
小计											
清单项目综合单价											

定额单价计算过程:

_____

_____

| 项目编码 | | 项目名称 | | 计量单位 | | 工程量 | |

清单综合单价组成明细											
定额编号	定额项目名称	定额单位	数量	单价				综合价			
				人工费	材料费	机械费	管理费和利润	人工费	材料费	机械费	管理费和利润
小计											
清单项目综合单价											

定额单价计算过程:

_____

_____

5．清单综合价

分部分项工程量清单与计价表

项目编码	项目名称	项目特征	计量单位	工程量	金额／元		
					综合单价	合价	其中
							暂估价

三、体会与总结

四、指导老师评价意见

指导老师签字：

日期：

任务三　钢筋工程计量与计价

知识目标

1．熟悉钢筋工程量计算基本方法、钢筋长度计算，掌握钢筋工程计量规则；

2．掌握钢筋工程计价基础知识，熟悉钢筋计价工程常用定额。

技能目标

1．能够正确识读结构工程图，根据设计图纸看懂钢筋种类、规格及配筋要求，计算分项工程量；

2．能够根据钢筋工程计价规范、计价定额、工程实践，正确套用定额，并能熟练进行定额换算；

3．能够根据钢筋工程项目清单特征正确进行组价，计算清单项目的综合单价及综合价。

素质目标

1. 遵守相关法律法规、标准和管理规定；
2. 具有严谨的工作作风、较强的责任心和科学的工作态度；
3. 爱岗敬业，严谨务实，团结协作，具有良好的职业操守。

一、任务描述

任务一

某三类建筑工程层高为 4.5 m。现浇框架梁 KL10 配筋信息如图 2-3-1 所示，抗震等级为四级，混凝土强度等级为 C30，其余未知条件根据《混凝土结构施工图平面整体表示方法制图规则和构造详图（现浇混凝土框架、剪力墙、梁、板）》（22G101-1），计算图 2-3-1 框架梁钢筋工程量、编制清单并根据市场价计算清单综合价（材料价格按除税单价计算、管理费和利润按 26%、12% 计取）。

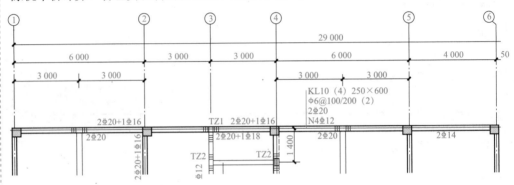

图 2-3-1 某框架梁平面图

任务二

图 2-3-2 所示为某地上三层带地下一层现浇框架柱平法识图的一部分，结构层高均为 3.50 m，混凝土框架柱设计抗震等级为三级。已知柱混凝土强度等级为 C25，整板基础厚度为 800 mm。每层的框架梁高均为 500 mm，梁保护层厚度为 25 mm，现浇板厚均为 100 mm，板保护层 20 mm，柱中纵向钢筋均采用闪光对焊接头，每层均分两批接头，柱外侧钢筋全部伸入内锚固。计算一根边柱 KZ2 的钢筋用量，箍筋为 HPB300 级钢筋，其余均为 HRB400 级钢筋；$a = 37d$，$l_{abE} = 38d$，$l_{aE} = 43d$，钢筋保护层厚度为 30 mm，主筋伸入整板基础距板底 100 mm 处，基础内箍筋 2 根；其余未知条件执行《混凝土结构施工图平面整体表示方法制图规则和构造详图（现浇混凝土框架、剪力墙、梁、板》（22G101-1）和《混凝土结构施工图平面整体表示方法制图规则和构造详图（独立基础、条形基础、筏形基础、桩基础）》（22G101-3）（以下简称 22G101-1 和 22G101-3）的有关规定，并根据《江苏省建筑与装饰工程计价定额（2014）》计算该柱钢筋综合价。

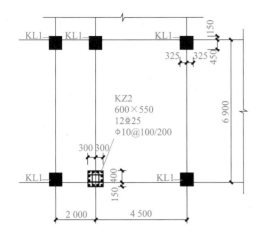

层号	标高/mm	层高/m
屋面	10.47	
3	6.97	3.5
2	3.47	3.5
1	−0.03	3.5
−1	−3.53	3.5

图 2-3-2　某矩形柱平面图

■ 二、任务资讯

（一）钢筋工程常见分项工程工程量计算规则

1. 《计算规范》钢筋分部节选

钢筋清单工程量计算规则见表 2-3-1。

表 2-3-1　钢筋清单工程量计算规则

项目编码	项目名称	项目特征	计量单位	工程量计算规则	工作内容
010515001	现浇构件钢筋	钢筋种类、规格	t	按设计图示钢筋（网）长度（面积）乘单位理论质量计算	1. 钢筋制作、运输 2. 钢筋安装 3. 焊接（绑扎）

钢筋工程量计算规范清单项目更多内容可通过手机微信、QQ 扫描二维码 2-3-1 获取。

二维码 2-3-1

2. 《江苏省建筑与装饰工程计价定额（2014）》中钢筋工程量计算规则

《江苏省建筑与装饰工程计价定额（2014）》中钢筋工程量计算规则的基本规定与《计算规范》的规定一致。

（二）《江苏省建筑与装饰工程计价定额（2014）》中钢筋工程计价定额说明及相关规定

（1）定额说明。

①钢筋工程以钢筋的不同规格、不分品种，按现浇构件钢筋、现场预制构件钢筋、加工厂预制构件钢筋、预应力构件钢筋、点焊网片分别编制定额项目。

②钢筋工程内容包括除锈、平直、制作、绑扎（点焊）、安装及浇灌混凝土时维护钢筋用工。

③钢筋搭接所耗用的电焊条、电焊机、铅丝和钢筋余头损耗已包括在定额内，设计图纸注明的钢筋接头长度以及未注明的钢筋接头按规范的搭接长度应计入设计钢筋用量。

④先张法预应力构件中的预应力、非预应力钢筋工程量应合并计算，按预应力钢筋相应项目执行；后张法预应力构件中的预应力钢筋、非预应力钢筋应分别套用定额。

⑤预制构件点焊钢筋网片已综合考虑了不同直径点在一起的因素，如点焊钢筋直径粗细比在两倍以上时，其定额工日按该构件中主筋的相应子目乘以系数1.25，其他不变（主筋是指网片中最粗的钢筋）。

⑥粗钢筋接头采用电渣压力焊、直螺纹、套管接头等接头者，应分别执行钢筋接头定额。计算了钢筋接头的不能再计算钢筋搭接长度。

⑦非预应力钢筋不包括冷加工，设计要求冷加工时应另行处理。预应力钢筋设计要求人工时效处理时，应另行计算。

⑧后张法钢筋的锚固是按钢筋帮条焊V形垫块编制的，如采用其他方法锚固时应另行计算。

⑨对构筑物工程，其钢筋可按表2-3-2系数调整定额中人工和机械用量。

表2-3-2　构筑物人工、机械调整系数表

项目	构筑物					
系数范围	烟囱烟道	水塔水箱	贮仓		栈桥通廊	水池油池
			矩形	圆形		
人工机械调整系数	1.70	1.70	1.25	1.50	1.20	1.50

⑩钢筋制作、绑扎需拆分者，制作按45%、绑扎按55%折算。

⑪钢筋、铁件在加工厂制作时，由加工厂至现场的运输费应另列项目计算。在现场制作的不计算此项费用。

⑫铁件是指质量在50 kg以内的预埋铁件。

⑬管桩与承台连接所用钢筋和钢板分别按钢筋笼和铁件执行。

⑭后张法预应力钢丝束、钢绞线束不分单跨、多跨以及单向双向布筋，当构件长在60 m以内时，均按定额执行。定额中预应力筋按直径5 mm碳素钢丝或直径1～15.2 mm钢线编制，采用其他规格时另行调整。定额按一端张拉考虑，当两端张拉时，有粘结锚具基价乘以系数1.14，无粘结锚具基数乘以系数1.07。使用转角器张拉的锚具定额人工和机械乘以系数1.1。当钢绞线束用于地面预制构件时，应扣除定额中张拉平台摊销费。单位工程后张法预应力钢丝束、钢绞线束平均每层结构设计用量在3 t以内，且设计总用量在30 t以内时，定额人工及机械台班有粘结张拉乘以系数1.63；无粘结张拉乘以系数1.80。

⑮本定额无粘结钢绞线束以净重计量。若以毛重（含封油包塑的重量）计量，按净重与毛重之比为1∶1.08进行换算。

钢筋工程定额工程量计价说明及计价工程量计算规则更多内容，可通过手机微信、QQ扫描二维码2-3-2获取。

二维码2-3-2

（2）《江苏省建筑与装饰工程计价定额（2014）》中钢筋工程的定额分为四大子分部，分别是现浇构件、预制构件、预应力构件及其他。

钢筋工程常用定额子目见表2-3-3。

表2-3-3　常用钢筋工程定额子目

子分部	定额编号	定额名称
现浇构件	5-1	现浇混凝土构件钢筋（Φ12以内）
	5-2	现浇混凝土构件钢筋（Φ25以内）
	5-3	现浇混凝土构件钢筋（Φ25以外）
预制构件	5-9	现场预制混凝土构件钢筋（Φ20以内）
	5-10	现场预制混凝土构件钢筋（Φ20以外）
	5-11	现场预制混凝土构件钢筋（Φ16以内）
	5-12	现场预制混凝土构件钢筋（Φ16以外）
预应力构件	5-15	先张法混凝土构件预应力钢筋（Φ5以内）
	5-16	先张法混凝土构件预应力钢筋（Φ5以外）
	5-17	后张法预应力钢筋

（3）《江苏省建筑与装饰工程计价定额（2014）》中现浇构件部分计价定额节选见表2-3-4和表2-3-5。

表2-3-4　现浇混凝土构件钢筋定额

工作内容：钢筋制作、绑扎、安装、焊接固定、浇捣混凝土时钢筋维护。　　　　计量单位：t

项目		单位	单价	现浇混凝土构件钢筋 直径/mm Φ12以内	
				数量	合计
综合单价		元		5 470.72	
其中	人工费	元		885.60	
	材料费	元		4 149.06	
	机械费	元		79.11	
	管理费	元		241.18	
	利润	元		115.77	
二类工		工日	82.00	10.08	885.60
材料	01010100	钢筋 综合	t	4 020.00	1.02	4 100.40
	03570237	镀锌钢丝 22 号	kg	5.50	6.85	37.68
	03410205	电焊条 J422	kg	5.80	1.86	10.79
	31150101	水	m³	4.70	0.04	0.19

定额编号				5-1	
机械	99170307	钢筋调直机 直径 40 mm	台班	33.63	0.001	0.03
	99091925	电动卷扬机（单筒慢速）牵引力 50 kN	台班	154.65	0.308	47.63
	99170507	钢筋切断机 直径 40 mm	台班	43.93	0.114	5.01
	99170707	钢筋弯曲机 直径 40 mm	台班	23.93	0.458	10.96
	99250304	交流弧焊机 容量 30 kV·A	台班	90.97	0.131	11.92
	99250707	对焊机 容量 75 kV·A	台班	131.86	0.027	3.56

注：层高超过 3.6 m，在 8 m 内人工乘以 1.03，12 m 内人工乘以系数 1.08，12 m 以上人工乘以系数 1.13。

表 2-3-5　现浇混凝土构件钢筋定额

工作内容：钢筋制作、绑扎、安装、焊接固定、浇捣混凝土时钢筋维护。　　　　　　计量单位：t

定额编号				5-2	
项目		单位	单价	现浇混凝土构件钢筋	
				直径 /mm	
				Φ25 以内	
				数量	合计
综合单价			元		4 998.87
其中	人工费		元		523.98
	材料费		元		4 167.49
	机械费		元		82.87
	管理费		元		151.71
	利润		元		72.82
	二类工		工日	82.00	6.39	523.98
材料	01010100	钢筋 综合	t	4 020.00	1.02	4 100.40
	03570237	镀锌钢丝 22 号	kg	5.50	1.95	10.73
	03410205	电焊条 J422	kg	5.80	9.62	55.80
	31150101	水	m³	4.70	0.12	0.56
机械	99170307	钢筋调直机 直径 40 mm	台班	33.63		
	99091925	电动卷扬机（单筒慢速）牵引力 50 kN	台班	154.65	0.119	18.40
	99170507	钢筋切断机 直径 40 mm	台班	43.93	0.096	4.22
	99170707	钢筋弯曲机 直径 40 mm	台班	23.93	0.196	4.69
	99250304	交流弧焊机 容量 30 kV·A	台班	90.97	0.489	44.48
	99250707	对焊机 容量 75 kV·A	台班	131.86	0.084	11.08

注：层高超过 3.6 m，在 8 m 内人工乘以系数 1.03，12 m 内人工乘以系数 1.08，12 m 以上人工乘以系数 1.13。

■ 三、任务实施

任务一

1. 识读图纸

根据梁平法表示方法规定，读取梁的钢筋类型。

2. 信息提取

通过查询获取人工、材料、机械市场价格，见表2-3-6。

表2-3-6 资源市场价格表

序号	资源名称	单位	不含税市场价 / 元
1	二类工	工日	90
2	钢筋综合	t	3 522.12
3	镀锌钢丝 22 号	kg	4.87
4	电焊条 J422	kg	5.01
5	水	m³	4.3
6	钢筋调直机 直径 40 mm	台班	29.82
7	电动卷扬机（单筒慢速）牵引力 50 kN	台班	148.44
8	钢筋切断机 直径 40 mm	台班	38.5
9	钢筋弯曲机 直径 40 mm	台班	21.3
10	交流弧焊机 容量 30 kV·A	台班	78.68
11	对焊机 容量 75 kV·A	台班	114.03

3. 工程量计算

本案例计价工程量同清单工程量，见表2-3-7。

表2-3-7 工程量计算

编号	直径/mm	简图	单根长度计算式 m	根数	数量/m	质量/kg
1	Φ20	300 ⌐ 22 160 ⌐ 300	$400-20+15d+21\,400+400-20+15d$	2	45.52	112.343
2	Φ16	4 134	$5\,600/3+400+5\,600/3$	2	8.268	13.059
3	Φ12	180 ⌐ 22 160 ⌐ 180	$400-20+15d+21\,400+400-20+15d+1\,176$	4	94.784	84.214
4	Φ20	300 ⌐ 6 680	$400-20+15d+5\,600+35d$	2	13.96	34.453
5	Φ18	6 660	$35d+5\,400+35d$	1	6.66	13.314
6	Φ20	6 800	$35d+5\,400+35d$	2	13.6	33.565
7	Φ20	7 000	$35d+5\,600+35d$	2	14	34.552
8	Φ14	210 ⌐ 4 470	$35d+3\,600+400-20+15d$	2	9.36	11.319
9	Φ6	560 ▱ 210	$2\times[(250-2\times20)+(600-2\times20)]+2\times(75+3.57\times d)$	159	275.547	61.204

编号	直径/mm	简图	单根长度计算式 m	根数	数量/m	质量/kg
10	Φ6	210	（250−2×20）+2×（75+1.9×d）	110	42.13	9.358

4. 清单编制

清单编制见表 2-3-8。

表 2-3-8　清单编制

项目编码	项目名称	项目特征	计量单位	工程量
010515001001	现浇构件钢筋	钢筋种类、规格：Φ12 以内	t	0.082
010515001002	现浇构件钢筋	钢筋种类、规格：Φ25 以内	t	0.361

5. 清单综合单价计算

清单综合单价计算见表 2-3-9 和表 2-3-10。

表 2-3-9　综合单价分析表

项目编码	010515001001		项目名称	现浇构件钢筋		计量单位	t	工程量	0.082
清单综合单价组成明细									
定额编号	定额项目名称	定额单位	数量	单价				合价	
				人工费	材料费	机械费	管理费和利润	人工费	材料费	机械费	管理费和利润
5-1 换	现浇混凝土构件钢筋直径 φ12mm 以内在 8m 以内人工×1.03	t	1	1 001.16	3 635.41	73.29	408.29	1 001.16	3 635.41	73.29	408.29
小计								1 001.16	3 635.41	73.29	408.29
清单项目综合单价								5 118.15			

费用计算过程如下：

人工费：90×10.8×1.03 = 1 001.16（元）

材料费：1 t 现浇混凝土构件钢筋综合用量：3 522.12×1.02 = 3 592.56（元）

　　　　镀锌钢丝 22 号：4.87×6.85 = 33.36（元）

　　　　电焊条 J422：5.01×1.86 = 9.32（元）

　　　　水：4.3×0.04 = 0.17（元）

材料费合计：3 592.56 + 33.36 + 9.32 + 0.17 = 3 635.41（元）

机械费：钢筋调直机 直径 40 mm：29.82×0.001 = 0.03（元）

　　　　电动卷扬机（单筒慢速）牵引力 50 kN：148.44×0.308 = 45.72（元）

　　　　钢筋切断机 直径 40 mm：38.5×0.114 = 4.39（元）

钢筋弯曲机 直径 40 mm：21.3×0.458 = 9.76（元）

交流弧焊机 容量 30 kV·A：78.68×0.131 = 10.31（元）

对焊机 容量 75 kV·A：114.03×0.027 = 3.08（元）

机械费合计：0.03 + 45.72 + 4.39 + 9.76 + 10.31 + 3.08 = 73.29（元）

管理费：（1 001.16 + 73.29）×26% = 279.36（元）

利润：（1 001.16 + 73.29）×12% = 128.93（元）

表 2-3-10　综合单价分析表

项目编码	010515001002	项目名称		现浇构件钢筋	计量单位	t		工程量	0.361
清单综合单价组成明细									
定额编号	定额项目名称	定额单位	数量	单价				合价	
				人工费	材料费	机械费	管理费和利润	人工费	材料费	机械费	管理费和利润
5-2 换	现浇混凝土构件钢筋 直径 φ25 mm 以内在 8 m 以内 人工 ×1.03	t	1	592.35	3 650.78	73.58	253.05	592.35	3 650.78	73.58	253.05
小计								592.35	3 650.78	73.58	253.05
清单项目综合单价								4 569.76			

费用计算过程如下：

人工费：90×6.39×1.03 = 592.35（元）

材料费：1 t 现浇混凝土构件钢筋综合用量：3 522.12×1.02 = 3 592.56（元）

镀锌钢丝 22 号：4.87×1.95 = 9.50（元）

电焊条 J422：5.01×9.62 = 48.20（元）

水：4.3×0.12 = 0.52（元）

材料费合计：3 592.56 + 9.50 + 48.20 + 0.52 = 3 650.78（元）

机械费：电动卷扬机（单筒慢速）牵引力 50 kN：148.44×0.119 = 17.66（元）

钢筋切断机 直径 40 mm：38.5×0.096 = 3.70（元）

钢筋弯曲机 直径 40 mm：21.3×0.196 = 4.17（元）

交流弧焊机 容量 30 kV·A：78.68×0.489 = 38.47（元）

对焊机 容量 75 kV·A：114.03×0.084 = 9.58（元）

机械费合计：17.66 + 3.70 + 4.17 + 38.47 + 9.58 = 73.58（元）

管理费：（592.35 + 73.58）×26% = 173.14（元）

利润：（592.35 + 73.58）×12% = 79.91（元）

6. 清单综合价计算

清单综合价计算见表 2-3-11。

表 2-3-11　综合价计算结果

序号	定额编号	项目名称	计量单位	工程量	综合单价/元	综合价/元
1	5-1 换	现浇混凝土构件钢筋 直径 φ12 mm 以内	t	0.082	5 118.15	419.69
2	5-2 换	现浇混凝土构件钢筋 直径 φ25 mm 以内	t	0.361	4 569.76	1 649.68
合计						2 069.37

任务二

1. 任务分析

（1）根据 22G101-3 中柱纵向钢筋在基础中的构造规定知：

①基础高度满足直锚，柱纵向钢筋全部伸至基础底部弯折 max（6d，150 mm），当柱为轴心受压或小偏心受压，基础高度或基础顶面至中间层钢筋网片顶面距离不小于 1 200 mm，或当柱为大偏心受压，基础高度或基础顶面至中间层钢筋网片上伸至小于 1 400 mm 时，可仅将柱四角纵向筋伸至底板钢筋网片上或筏形基础中间层钢筋网片上（伸至钢筋网片上的柱纵向筋间距不应大于 1 000 mm），其余纵筋锚固在基础顶面下 l_{aE} 即可。

②基础高度不满足直锚，柱纵向钢筋全部伸至基础底部弯折 15d。

本例中基础高度为 800 mm，$l_{aE} = 43d = 43 \times 25 = 1\ 075$（mm），则纵向钢筋构造按②规定。

（2）根据 22G101-1 中地下室抗震 KZ 的纵向钢筋连接构造图可知，三种钢筋连接方式中只有绑扎搭接存在钢筋的接头部重叠长度，机械连接和对焊接头都不存在接头部位的重叠长度，算工程量时可以不必研究柱钢筋的具体搭接情况（施工研究），直接按层高计算钢筋长度即可。

（3）根据顶层中柱柱顶钢筋构造图可知：

①直锚长度大于等于 l_{aE} 中柱纵向筋伸至柱顶。

②直锚长度小于 l_{aE}，伸至柱顶弯折 12d 或伸至柱顶加锚头（锚板）。

（4）根据 22G101-1 中抗震 KZ 边柱和角柱柱顶纵向钢筋构造图可知：边柱和角柱纵向钢筋有 5 种节点构造，这 5 种节点不同之处在于柱的外侧钢筋的处理，柱的内侧钢筋的做法同中柱构造。外侧钢筋的 5 个节点应配合使用。①A 节点，单独使用，或与其余②③做法配合使用。②柱包梁：B＋D 节点和 C＋D 节点。根据题中，深入梁内的柱外侧边缘纵筋不宜少于外侧全部纵筋面积的 65%。③梁包柱：E 节点。根据题中柱外侧钢筋全部伸入梁内锚固，故应选择 B 或 C 节点做法。计算柱外侧纵向钢筋配筋率为 $\frac{3.14 \times 25^2}{600 \times 550} \times 100\% = 0.6\% < 1.2\%$，因此，外侧柱筋伸入梁中不需要分批截断。

（5）边柱与角柱内侧钢筋构造，由于 $l_{aE} > 500$ mm，故因选择弯锚做法。

（6）柱箍筋数量计算：基础内为题目已知，按 22G101-1 中抗震 KZ、QL、LZ 箍筋加密区范围，$H_n = 3.5-0.5 = 3.0$（m），max（柱边尺寸，$H_n/6$，500）= max（600，500，500）= 600（mm）。负一层：底部加密区长度 = $H_n/3 = 1$ m，顶部加密区长度 $H_梁$ + max（柱边长尺寸，$H_n/6$，500）= 0.5 + 0.6 = 1.1（m），非加密区长度 = 层高 - 加密区长度 = 3.5-2.1 = 1.4（m）；一~三层：底部加密区长度 = max（柱边长尺寸，$H_n/6$，500）= 600 mm，顶部加密区长度 = $H_梁$ + max（柱边长尺寸，$H_n/6$，500）= 0.5 + 0.6 = 1.1（m），非加密区长度 = 层高 - 加密区长度 = 3.5-1.7 = 1.8（m）。

（7）角部附加筋在柱箍筋内侧设置，间距小于等于 150 mm，根数 =（600-2×30）/150 + 1 = 5（根）。

表 2-3-11 为 KZ2 中纵筋、箍筋及附加箍筋计算表，表 2-3-12 为柱中箍筋数量计算表。

钢筋构造图更多内容，可通过手机微信、QQ 扫描二维码 2-3-3 获取。

二维码 2-3-3

2．工程量计算

本案例计价工程量同清单工程量，见表 2-3-12 和表 2-3-13。

表 2-3-12　钢筋计算表

序号	规格	简图	单根长度计算式 /m	单根长度 /m	根数	总长度 /m	密度 /（kg·m^{-3}）	质量 /kg
1	25		$15d$ +（0.8-0.1）+（3.5×4-0.5）+ 1.5×L_{abE}	16	4	64	3.85	246.40
2	25		$15d$ +（0.8-0.1）+（3.5×4-0.4）+（0.5-0.025）+ 12d	15.45	8	123.6	3.85	475.86
3	10		［（0.6-2×0.03-2×0.01-0.025）/3 + 0.025 + 2×0.01 +（0.55-2×0.03）］×2 + 23.8×0.01	1.64	112	183.68	0.617	113.33
4	10		［（0.55-2×0.03-2×0.01-0.025）/3 + 0.025 + 2×0.01 +（0.6-2×0.03）］×2 + 23.8×0.01	1.70	112	190.40	0.617	117.48
5	10		（0.55-2×0.03 + 2×0.01）×2 +（0.6-2×0.03 + 2×0.01）×2 + 24×0.01	2.38	112	266.56	0.617	164.47

表 2-3-13　箍筋数量计算表

层数	标高范围	计算式	根数
基础	-4.33 ～ -3.53	已知	2
负一层	-3.53 ～ -0.03	1/0.1 + 1 +（0.5 + 0.6）/0.1 + 1 + 1.4/0.2-1	29
一层	-0.03 ～ 3.47	0.6/0.1 + 1 +（0.5 + 0.6）/0.1 + 1 + 1.8/0.2-1	27
二层	3.47 ～ 6.97	同一层	27
三层	6.97 ～ 10.47	同一层	27
小计			112

3. 清单编制

清单编制见表 2-3-14。

表 2-3-14　清单编制

项目编码	项目名称	项目特征	计量单位	工程量
010515001001	现浇构件钢筋	钢筋种类、规格：Φ10	t	0.722
010515001002	现浇构件钢筋	钢筋种类、规格：Φ25	t	0.395

4. 综合价计算

综合价计算见表 2-3-15。

表 2-3-15　综合价计算

序号	定额编号	项目名称	计量单位	工程量	综合单价/元	合计/元
1	5-1	现浇混凝土构件钢筋　直径　Φ12 mm 以内	t	0.722	5 470.72	3 949.86
2	5-2	现浇混凝土构件钢筋　直径　Φ25 mm 以内	t	0.395	4 998.87	1 974.55
合计						5 924.41

■ 四、任务练习

某三类建筑工程，层高为 3.3 m。现浇框架梁 KL1 如图 2-3-3 所示，抗震等级为四级，混凝土强度等级为 C30，其余未知条件根据 22G101-1 的规定，计算图 2-3-3 框架梁工程量，编制清单并根据市场价计算清单综合价（材料价格按除税单价计算，管理费和利润按 26%、12% 计取）。

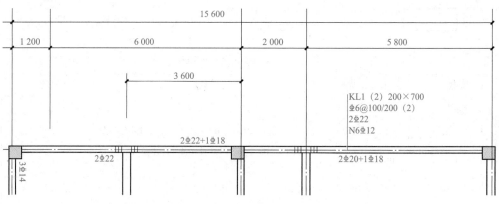

图 2-3-3　某三类建筑工程现浇框架梁

模块名称	钢筋工程	
课题名称	钢筋工程的清单编制与综合价计算	
学生姓名		所在班级
所学专业		完成任务时间
指导老师		完成任务日期

一、任务描述
详见四、任务练习

二、任务解答
1. 信息收集及做法分析

_____

_____

_____

2. 工程量计算

计算项目	部位	计算单位	计算式	工程量

3. 清单编制

项目编码	项目名称	项目特征	计量单位	工程量

4. 清单综合单价计算

项目编码			项目名称	计量单位		工程量	
清单综合单价组成明细							
定额编号	定额项目名称	定额单位	数量	单价				合价			
				人工费	材料费	机械费	管理费和利润	人工费	材料费	机械费	管理费和利润
小计											
清单项目综合单价											

定额单价计算过程:

_____

_____

_____

项目编码			项目名称		计量单位		工程量	
清单综合单价组成明细								

定额编号	定额项目名称	定额单位	数量	单价				合价			
				人工费	材料费	机械费	管理费和利润	人工费	材料费	机械费	管理费和利润
小计											
清单项目综合单价											

定额单价计算过程:

_____

_____

_____

_____

_____

5. 清单综合价

分部分项工程量清单与计价表

项目编码	项目名称	项目特征	计量单位	工程量	金额 / 元		
					综合单价	合价	其中
							暂估价

三、体会与总结

四、指导老师评价意见

指导老师签字:

日期:

任务四　砌筑工程计量与计价

知识目标

1. 熟悉砌筑工程常见施工工艺、构造做法，掌握砌筑工程计量规则、计算方法；
2. 掌握砌筑工程计价基础知识，熟悉砌筑工程常用计价定额。

技能目标

1. 能够正确识读建筑工程图，根据施工图、建筑材料、设定的施工方案等列出墙体分部分项清单，计算分项工程量；
2. 能够根据砌筑工程计价规范、计价定额、工程实践，正确套用定额，并能熟练进行定额换算；
3. 能够根据砌筑工程清单特征正确进行组价，计算清单项目的综合单价及综合价。

素质目标

1. 遵守相关法律法规、标准和管理规定；
2. 具有严谨的工作作风、较强的责任心和科学的工作态度；
3. 爱岗敬业，严谨务实，团结协作，具有良好的职业操守。

一、任务描述

任务一

某工程中 ±0.000 以下用 240 mm 厚 MU15 蒸压粉煤灰砖、M10 水泥砂浆砌筑，±0.000 以上采用 MU10 蒸压粉煤灰砖、M5.0 混合砂浆砌筑。框架柱截面尺寸为 400 mm×400 mm，上部墙体墙长超过 5 m 设钢筋混凝土构造柱（墙厚×240 mm）。该工程基础平面图如图 2-1-7 所示，基础详图如图 2-4-1、图 2-1-9 所示，独立基础各部分尺寸见表 2-4-1。计算该砖基础工程量、编制清单并根据市场价计算清单综合价（材料价格按除税单价计算，管理费和利润分别按 26%、12% 计取）。

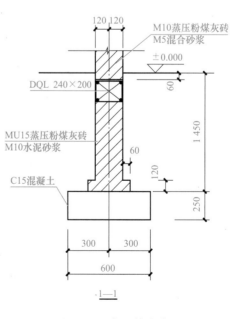

图 2-4-1　条形基础详图

表 2-4-1　独立基础尺寸表

编号	A	B	C	D	H
J-1	1 700	1 700	400	400	150
J-3	2 500	2 500	400	400	200
J-6	1 750	1 700	400	400	150

任务二

某工程中 ±0.000 以下用 200 mm 厚 MU15 蒸压粉煤灰砖、M10 水泥砂浆砌筑，±0.000 以上采用 200 mm 厚 A3.5 B06 蒸压砂加气混凝土砌块、M5.0 混合砂浆砌筑。框架柱截面尺寸为 400 mm×400 mm，上部墙体墙长超过 5 m 设钢筋混凝土构造柱（墙厚×240 mm）。该工程一层平面图中ⓖ轴墙体平面图如图 2-4-2 所示。一层层高为 3.9 m，该墙体上部楼层标高处框架梁截面尺寸为 300 mm×600 mm。C1 为 1 500 mm×1 500 mm，C2 为 2 000 mm×1 500 mm。门窗洞口过梁设置要求见表 2-4-2，混凝土窗台板厚度为 60 mm，每边伸入墙内 250 mm，窗户两侧设混凝土抱框（100 mm×墙厚）。③～④墙体为楼梯间外墙，③轴墙体处设置梯柱，截面尺寸为 200 mm×200 mm，梯柱柱顶标高为 2.245 m，③～④轴间楼梯平台梁截面尺寸为 200 mm×400 mm，平台梁净长为 2.6 m。计算该工程ⓖ轴墙体工程量，列出清单，并计算该部分墙体的综合价〔采用简易计税法，人工、材料、机械、管理费、利润均按照《江苏省建筑与装饰工程计价定额（2014）》中计算，不做调整〕。

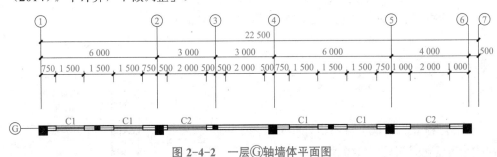

图 2-4-2　一层ⓖ轴墙体平面图

表 2-4-2　填充墙洞顶过梁表　　　　　　　　　　　　单位：mm

洞口净跨 L_n	$L_n \leqslant 1\ 000$	$1\ 000 < L_n \leqslant 1\ 500$	$1\ 500 < L_n \leqslant 2\ 000$	$2\ 000 < L_n \leqslant 2\ 500$
梁高 h	120	120	180	240
支座长度 a	250	250	250	370

任务三

某单位传达室基础平面图、基础详图、一层平面图、剖面图如图 2-4-3 ～ 图 2-4-6 所示。±0.000 以下及女儿墙砌体材料为强度等级 MU15、规格 240 mm×115 mm×53 mm 的蒸压灰砂砖，M7.5 水泥砂浆；±0.00 以上砌体材料为强度等级 MU15、规格

240 mm×115 mm×90 mm 的 KP1 多孔砖，M5 混合砂浆。−0.06 m 处设 20 mm 厚 1 : 2 水泥砂浆防潮层，构造柱规格为 240 mm×240 mm，其嵌固部位为混凝土条形基础，有马牙槎与墙嵌接。圈梁规格为 240 mm×300 mm。屋面板厚为 100 mm。门窗规格见表 2-4-3。门窗上口无圈梁处设置过梁厚为 120 mm，过梁长度为洞口尺寸两边各加 250 mm。窗台板厚为 60 mm，长度为窗洞口两边各加 60 mm，窗两侧有 60 mm 宽砖砌窗套。计算该工程砌筑工程的工程量和分部分项合价 [采用简易计税法，人工、材料、机械、管理费、利润均按照《江苏省建筑与装饰工程计价定额（2014）》计算，不做调整]。

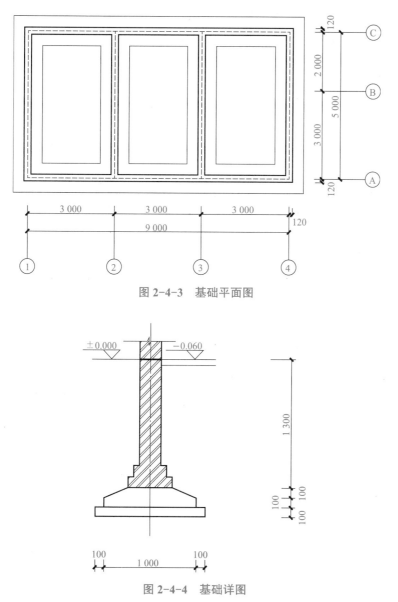

图 2-4-3　基础平面图

图 2-4-4　基础详图

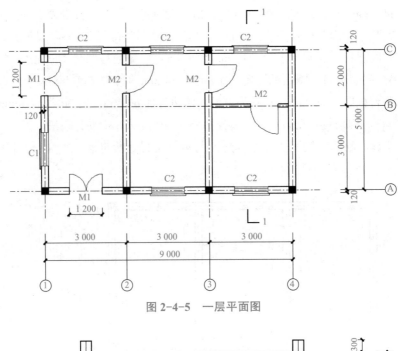

图 2-4-5　一层平面图

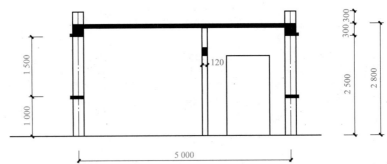

图 2-4-6　1-1 剖面图

表 2-4-3　门窗编号说明表　　　　　　　　　单位：mm

编号	宽	高	樘数
M1	1 200	2 500	2
M2	900	2 100	3
C1	1 500	1 500	1
C2	1 200	1 500	5

■ 4.2　任务资讯

4.2.1　砌筑工程常见分项工程工程量计算规则

1. 《计算规范》砌筑分部节选

（1）砖砌体清单工程量计算规则见表 2-4-4。

表 2-4-4　砖砌体清单工程量计算规则

项目编码	项目名称	项目特征	计量单位	工程量计算规则	工作内容
010401001	砖基础	1. 砖品种、规格、强度等级 2. 基础类型 3. 砂浆强度等级 4. 防潮层材料种类	m^3	按设计图示尺寸以体积计算。包括附墙垛基础宽出部分体积，扣除地梁（圈梁）、构造柱所占体积，不扣除基础大放脚 T 形（图 2-4-7）接头处的重叠部分及嵌入基础内的钢筋、铁件、管道、基础砂浆防潮层和单个面积 ≤ 0.3 m^2 的孔洞所占体积，靠墙暖气沟的挑檐不增加。 　　基础长度：外墙按外墙中心线，内墙按内墙净长线计算	1. 砂浆制作、运输 2. 砌砖 3. 防潮铺设 4. 材料运输
010401003	实心砖墙	1. 砖品种、规格、强度等级 2. 墙体类型 3. 砂浆强度等级、配合比	m^3	按设计图示尺寸以体积计算。扣除门窗、洞口、嵌入墙内的钢筋混凝土柱、梁、圈梁、挑梁、过梁及凹进墙内的壁龛、管槽、暖气槽、消火栓箱所占体积，不扣除梁头、板头、檩头、垫木、木楞头、沿椽木、木砖、门窗走头、砖墙内加固钢筋、木筋、铁件、钢管及单个面积 ≤ 0.3 m^2 的孔洞所占的体积。凸出墙面的腰线、挑檐（图 2-4-8）、压顶、窗台线、虎头砖、门窗套的体积也不增加。凸出墙面的砖垛并入墙体体积计算。 　　1. 墙长度：外墙按中心线、内墙按净长计算。 　　2. 墙高度： 　　（1）外墙：斜（坡）屋面无檐口天棚者算至屋面板底；有屋架且室内外均有天棚者算至屋架下弦底另加 200 mm（图 2-4-9）；无天棚者算至屋架下弦底另加 300 mm（图 2-4-10），出檐宽度超过 600 mm 时按实砌高度计算；与钢筋混凝土楼板隔层者算至板顶（图 2-4-11）。平屋顶算至钢筋混凝土板底（图 2-4-12）。 　　（2）内墙：位于屋架下弦者，算至屋架下弦底；无屋架者算至天棚底另 100 mm（图 2-4-14）；有钢筋混凝土楼板隔层者算至楼板顶；有框架梁时算至梁底。 　　（3）女儿墙：从屋面板上表面算至女儿墙顶面（如有混凝土压顶时算至压顶下表面）。 　　（4）内、外山墙：按其平均高度计算（图 2-4-15）。 　　3. 框架间墙：不分内外墙按墙体净尺寸以体积计算。 　　4. 围墙：高度算至压顶上表面（如有混凝土压顶时算至压顶下表面），围墙柱并入围墙体积。	1. 砂浆制作、运输 2. 砌砖 3. 刮缝 4. 砖压顶砌筑 5. 材料运输
010401004	多孔砖墙				
010401005	空心砖墙				

项目编码	项目名称	项目特征	计量单位	工程量计算规则	工作内容
010401012	零星砌砖	1. 零星砌砖名称、部位 2. 砖品种、规格、强度等级 3. 砂浆强度等级、配合比	1. m³ 2. m² 3. m 4. 个	1. 以立方米计量，按设计图示尺寸截面面积乘以长度计算。 2. 以平方米计量，按设计图示尺寸水平投影面积计算。 3. 以米计量，按设计图示尺寸长度计算。 4. 以个计量，按设计图示数量计算	1. 砂浆制作、运输 2. 砌砖 3. 刮缝 4. 材料运输

注：1. "砖基础"项目适用于各种类型砖基础：柱基础、墙基础、管道基础等。

2. 基础与墙（柱）身使用同一种材料时，以设计室内地面为界（有地下室者，以地下室室内设计地面为界），以下为基础，以上为墙（柱）身（图 2-4-16）。基础与墙身使用不同材料时，位于设计室内地面高度 ≤ ±300 mm 时，以不同材料为分界线，高度 > ±300 mm 时，以设计室内地面为分界线（图 2-4-17）。

3. 砖围墙以设计室外地坪为界，以下为基础，以上为墙身。

4. 框架外表面的镶贴砖部分，按零星项目编码列项。

5. 附墙烟囱、通风道、垃圾道应按设计图示尺寸以体积（扣除孔洞所占体积）计算并入所依附的墙体体积。当设计规定孔洞内需抹灰时，应按《计算规范》附录 M 中零星抹灰项目编码列项。

6. 台阶、台阶挡墙、梯带、锅台、炉灶、蹲台、池槽、池槽腿、砖胎模、花台、花池、楼梯栏板、阳台栏板、地垄墙、≤ 0.3 m² 的孔洞填塞等，应按零星砌砖项目编码列项。砖砌锅台与炉灶可按外形尺寸以个计算，砖砌台阶可按水平投影面积以平方米计算，小便槽、地垄墙可按长度计算，其他工程按立方米计算。

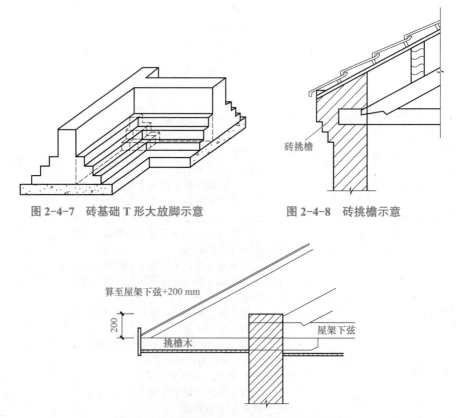

图 2-4-7　砖基础 T 形大放脚示意　　　　图 2-4-8　砖挑檐示意

图 2-4-9　室内外均有天棚时外墙高度示意

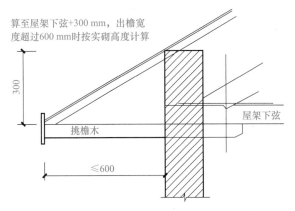

算至屋架下弦+300 mm，出檐宽度超过600 mm时按实砌高度计算

300

挑檐木

≤600

屋架下弦

图 2-4-10 室内外无天棚时外墙高度示意

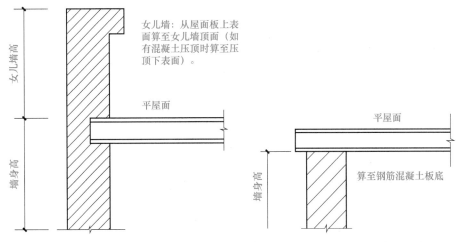

女儿墙：从屋面板上表面算至女儿墙顶面（如有混凝土压顶时算至压顶下表面）。

平屋面

女儿墙高

墙身高

图 2-4-11 钢筋混凝土楼板隔层外墙高度示意

平屋面

算至钢筋混凝土板底

墙身高

图 2-4-12 平屋顶外墙高度示意

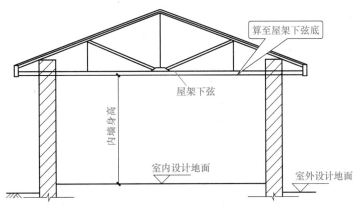

算至屋架下弦底

屋架下弦

内墙身高

室内设计地面

室外设计地面

图 2-4-13 有屋架时内墙高度示意

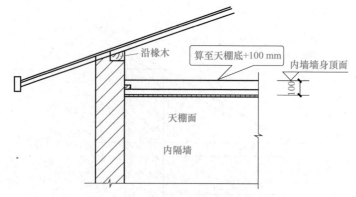

图 2-4-14　无屋架时内墙高度示意

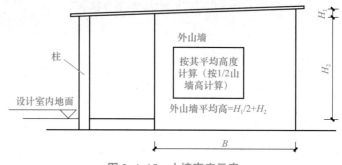

图 2-4-15　山墙高度示意

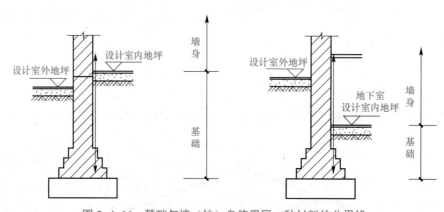

图 2-4-16　基础与墙（柱）身使用同一种材料的分界线

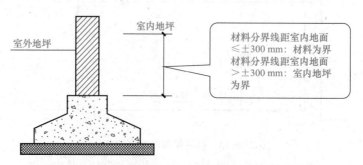

图 2-4-17　基础与墙（柱）身使用不同材料的分界线

（2）砌块砌体清单工程量计算规则见表 2-4-5。

表 2-4-5　砌块砌体清单工程量计算规则

项目编码	项目名称	项目特征	计量单位	工程量计算规则	工作内容
010402001	砌块墙	1. 砌块品种、规格、强度等级 2. 墙体类型 3. 砂浆强度等	m³	按设计图示尺寸以体积计算。扣除门窗、洞口、嵌入墙内的钢筋混凝土柱、梁、圈梁、挑梁、过梁及凹进墙内的壁龛、管槽、暖气槽、消火栓箱所占体积，不扣除梁头、板头、檩头、垫木、木楞头、沿椽木、木砖、门窗走头、砌块墙内加固钢筋、木筋、铁件、钢管及单个面积 ≤ 0.3 m² 的孔洞占的体积。凸出墙面的腰线、挑檐、压顶、窗台线、虎头砖、门窗套的体积也不增加。凸出墙面的砖垛并入墙体体积内计算。 1. 墙长度：外墙按中心线、内墙按净长计算； 2. 墙高度： （1）外墙：斜（坡）屋面无檐口天棚者算至屋面板底；有屋架且室内外均有天棚者算至屋架下弦底另加 200 mm；无天棚者算至屋架下弦底另加 300 mm，出檐宽度超过 600 mm 时按实砌高度计算；与钢筋混凝土楼板隔层者算至板顶。平屋顶算至钢筋混凝土板底。 （2）内墙：位于屋架下弦者，算至屋架下弦底；无屋架者算至天棚底另加 100 mm；有钢筋混凝土楼板隔层者算至楼板顶；有框架梁时算至梁底。 （3）女儿墙：从屋面板上表面算至女儿墙顶面（如有混凝土压顶时算至压顶下表面）。 （4）内、外山墙：按其平均高度计算。 3. 框架间墙：不分内外墙按墙体净尺寸以体积计算。 4. 围墙：高度算至压顶上表面（如有混凝土压顶时算至压顶下表面），围墙柱并入围墙体积内	1. 砂浆制作、运输 2. 砌砖、砌块 3. 勾缝 4. 材料运输

注：1. 砌体内加筋、墙体拉结的制作、安装，应按《计算规范》附录 E（混凝土及钢筋混凝土工程）中相关项目编码列项。

2. 砌块排列应上、下错缝搭砌，如果搭错缝长度满足不了规定的压搭要求，应采取压砌钢筋网片的措施，具体构造要求按设计规定。若设计无规定，应注明由投标人根据工程实际情况自行考虑；钢筋网片按《计算规范》附录 F 中相应编码列项。

3. 砌体垂直灰缝宽 > 30 mm 时，采用 C20 细石混凝土灌实。灌注的混凝土应按《计算规范》附录 E 相关项目编码列项。

（3）其他相关问题按下列规定处理：标准砖尺寸应为 240 mm×115 mm×53 mm。标准砖墙厚度应按表 2-4-6 计算。

表 2-4-6　标准墙计算厚度表

砖数（厚度）	$\frac{1}{4}$	$\frac{1}{2}$	$\frac{3}{4}$	1	$1\frac{1}{2}$	2	$2\frac{1}{2}$	2
计算厚度 /mm	53	115	180	240	365	490	615	740

　　砌筑工程量计算规范清单项目更多内容可通过手机微信、QQ 扫描二维码 2-4-1 获取。

　　2.《江苏省建筑与装饰工程计价定额（2014）》中砌筑工程量计算规则

二维码 2-4-1

　　《江苏省建筑与装饰工程计价定额（2014）》中砌筑工程量计算规则的基本规定中，墙身高度在有钢筋混凝土楼板隔层者算至楼板顶这种情形时，外墙没有列出，内墙规定为算至楼板顶。其他基本规定与《计算规范》中一致。

（二）《江苏省建筑与装饰工程计价定额（2014）》中砌筑工程计价定额说明及规定节选

　　1. 砌砖、砌块墙定额说明

　　（1）标准砖墙不分清、混水墙及艺术形式复杂程度。砖券、砖过梁、砖圈梁、腰线、砖垛、砖挑檐、附墙烟囱等因素已综合在定额内，不得另列项目计算。阳台砖隔墙按相应内墙定额执行。

　　（2）砌体使用配砖与定额不同时，不做调整。

　　（3）在砌块墙、多孔砖墙中，窗台虎头砖、腰线、门窗洞边接槎用标准砖已包括在定额内。

　　（4）门窗洞口侧预埋混凝土块，定额中已综合考虑。实际施工不同时，不做调整。

　　（5）各种砖砌体的砖、砌块是按表 2-4-7 编制的，规格不同时，可以换算，具体规格见表 2-4-7。

表 2-4-7　砖、砌块规格表

砖名称	长 × 宽 × 高 /（mm×mm×mm）
标准砖	240×115×53
七五配砖	190×90×40
KP1 多孔砖	240×115×90
多孔砖	240×240×115、240×115×115
KM1 空心砖	190×190×90、190×90×90
三孔砖	190×190×90
六孔砖	190×190×140

砖名称	长 × 宽 × 高 /（mm×mm×mm）
九孔砖	190×190×190
页岩模数多孔砖	240×190×90、240×140×90 240×90×90、190×120×90
普通混凝土小型空心砌块（双孔）	390×190×190
普通混凝土小型空心砌块（单孔）	190×190×190 190×190×90
粉煤灰硅酸盐砌块	880×430×240、580×430×240 430×430×240、280×430×240
加气混凝土块	600×240×150、600×200×250 600×100×250

（6）除标准砖墙外，《江苏省建筑与装饰工程计价定额（2014）》的其他品种砖弧形墙其弧形部分每立方米砌体按相应定额人工增加 15%，砖增加 5%，其他不变。

（7）砌砖、块定额中已包括了门、窗框与砌体的原浆勾缝在内，砌筑砂浆强度等级按设计规定应分别套用。

（8）砖砌体内的钢筋加固及转角、内外墙的搭接钢筋，按设计图示钢筋长度乘以单位理论质量计算，执行《江苏省建筑与装饰工程计价定额（2014）》第五章的"砌体、板缝内加固钢筋"子目。

（9）蒸压加气混凝土砌块根据施工方法的不同，分为普通砂浆砌筑加气混凝土砌块墙（指主要靠普通砂浆或专用砌筑砂浆粘结，砂浆灰缝厚度不超过 15 mm）和薄层砂浆砌筑加气混凝土砌块墙（简称薄灰砌筑法，使用专用粘结砂浆和专用铁件连接，砂浆灰缝一般为 3 ~ 4 mm）。《江苏省建筑与装饰工程计价定额（2014）》分别按蒸压加气混凝土砌块和蒸压砂加气混凝土砌块列入子目，实际砌块种类与定额不同时，可以替换。

砌筑工程定额工程量计价说明及计价工程量计算规则更多内容可通过手机微信、QQ 扫描二维码 2-4-2 获取。

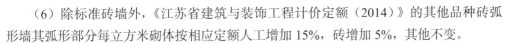

二维码 2-4-2

2．定额分部

《江苏省建筑与装饰工程计价定额（2014）》中砌筑工程的定额分为四大子分部，分别是砌砖、砌石、构筑物、基础垫层。

（1）砌砖部分有砖基础、砖柱、砖块墙、多孔砖墙、砖砌外墙、砖砌内墙、空斗墙、空花墙、填充墙、墙面砌贴砖、墙基防潮及其他计价定额。

（2）砌石部分有毛石基础、护坡、墙身，方整石墙、柱、台阶，荒料毛石加工计价定额。

（3）构筑物部分有烟囱砖基础、筒身及砖加工，烟囱内衬，烟道砌砖及烟道内衬，砖水塔计价定额。

3. 砌筑工程常用定额子目

砌筑工程常用定额子目见表 2-4-8。

表 2-4-8　常用砌筑工程定额子目

子分部	定额编号	定额名称
砖基础	4-1	直形砖基础
	4-2	圆、弧形砖基础
砖块墙、多孔砖墙	4-5	粉煤灰硅酸盐砌块
	4-6	100 mm 厚普通砂浆砌筑加气混凝土砌块墙（用于无水房间、底无混凝土坎台）
	4-7	200 mm 厚普通砂浆砌筑加气混凝土砌块墙（用于无水房间、底无混凝土坎台）
	4-8	200 mm 厚以上普通砂浆砌筑加气混凝土砌块墙（用于无水房间、底无混凝土坎台）
	4-9	100 mm 厚普通砂浆砌筑加气混凝土砌块墙（用于多水房间、底无混凝土坎台）
	4-10	200 mm 厚普通砂浆砌筑加气混凝土砌块墙（用于多水房间、底无混凝土坎台）
	4-11	200 mm 厚以上普通砂浆砌筑加气混凝土砌块墙（用于多水房间、底无混凝土坎台）
	4-16	普通混凝土小型空心砌块
	4-17	轻集料混凝土小型空心砌块　墙厚 120 mm
	4-18	轻集料混凝土小型空心砌块　墙厚 150 mm
	4-19	轻集料混凝土小型空心砌块　墙厚 190 mm
	4-20	轻集料混凝土小型空心砌块　墙厚 240 mm
	4-21	240 mm×240 mm×115 mm　1 砖多孔砖墙
	4-22	240 mm×115 mm×115 mm　1/2 砖多孔砖墙
	4-23	240 mm×115 mm×115 mm　1 砖多孔砖墙
	4-27	240 mm×115 mm×90 mm　1/2 砖 KP1 多孔砖墙
	4-28	240 mm×115 mm×90 mm　1 砖 KP1 多孔砖墙
	4-29	190 mm×90 mm×90 mm　1/2 砖 KP1 多孔砖墙
	4-30	190 mm×90 mm×90 mm　1 砖 KP1 多孔砖墙
砖砌外墙	4-33	标准砖 1/2 砖外墙
	4-34	标准砖 3/4 砖外墙
	4-35	标准砖 1 砖外墙
	4-36	标准砖 1 砖弧形外墙
砖砌内墙	4-39	标准砖 1/2 砖外墙
	4-40	标准砖 3/4 砖外墙
	4-41	标准砖 1 砖外墙
	4-42	标准砖 1 砖弧形外墙
墙基防潮及其他	4-52	防水砂浆墙基防潮层
	4-53	防水混凝土 6 cm 厚墙基防潮层
	4-57	标准砖零星砌砖

子分部	定额编号	定额名称
基础垫层	4-94	2:8灰土
	4-95	3:7灰土
	4-99	干铺碎石
	4-100	碎石灌石灰黏土浆
	4-101	碎石灌砂浆
	4-102	干铺毛石
	4-103	毛石灌石灰黏土浆
	4-104	毛石灌砂浆

4. 定额节选

《江苏省建筑与装饰工程计价定额（2014）》中砌筑工程计价定额节选见表2-4-9～表2-4-17。

表2-4-9 砖基础计价定额

工作内容：运料、调铺砂浆、清理基坑槽、砌砖等。 计量单位：m³

定额编号				4-1	
项目		单位	单价	砖基础（直形）	
				数量	合计
综合单价		元		406.25	
其中	人工费	元		98.40	
	材料费	元		263.38	
	机械费	元		5.89	
	管理费	元		26.07	
	利润	元		12.51	
	二类工	工日	82.00	1.20	98.40
材料	04135500 标准砖 240×115×53	百块	42.00	5.22	219.24
	80010104 水泥砂浆 M5	m³	180.37	0.242	43.65
	80010105 水泥砂浆 M7.5	m³	(182.23)	(0.242)	(44.10)
	80010106 水泥砂浆 M10	m³	(191.53)	(0.242)	(46.35)
	31150101 水	m³	4.70	0.104	0.49
机械	99050503 灰浆搅拌机 拌筒容量 200 L	台班	122.64	0.048	5.89

注：基础深度自设计室外地面至砖基础底表面超过1.5 m，其超过部分每1 m³砌体增加人工0.041工日。

表 2-4-10　砌块墙计价定额 1

工作内容：1. 调、运、铺砂浆，运砌块。
　　　　　2. 砌砖块（墙），包括窗台虎头砖、门窗洞边接槎用标准砖。
　　　　　3. 安放预制过梁板、垫块。

计量单位：m³

定额编号				4-5	
项目		单位	单价	粉煤灰硅酸盐砌块	
				数量	合计
综合单价		元		384.28	
其中	人工费	元		94.30	
	材料费	元		252.40	
	机械费	元		1.96	
	管理费	元		24.07	
	利润	元		11.55	
	二类工	工日	82.00	1.15	94.30
材料	04135500　标准砖 240×115×53	百块	42.00	0.29	12.18
	04150405　粉煤灰硅酸盐砌块 430×430×240	块	11.00	0.85	9.35
	04150406　粉煤灰硅酸盐砌块 580×430×240	块	14.80	2.20	32.56
	31150101　水	m³	4.70	0.10	0.47
	04150407　粉煤灰硅酸盐砌块 880×430×240	块	22.50	7.24	162.90
	04150417　粉煤灰硅酸盐砌块 280×430×240	块	7.16	2.53	18.11
	80050104　混合砂浆 M5	m³	193.00	0.082	15.83
	80050105　混合砂浆 M7.5	m³	195.20	(0.082)	(16.01)
	80050106　混合砂浆 M10	m³	199.56	(0.082)	(16.361)
	其他材料费	元			1.00
机械	99050503　灰浆搅拌机 拌筒容量 200 L	台班	122.64	0.016	1.96

注：墙身内的砌过梁、压顶、檐口等处实砌砖，另按相应零星砌砖定额执行。
　　围墙基础与墙身的材料品种相同时，工程量应合并计算相应墙的定额。

表 2-4-11　砌块墙计价定额 2

工作内容：1. 调、运、铺砂浆，运砌块。
　　　　　2. 砌砖块（墙），包括窗台虎头砖、门窗洞边接槎用标准砖。
　　　　　3. 安放预制过梁板、垫块。

计量单位：m³

定额编号			4-6		4-7	
项目	单位	单价	普通砂浆砌筑加气混凝土砌块墙			
			100 厚		200 厚	
			（用于无水房间、底无混凝土坎台）			
			数量	合计	数量	合计

定额编号				4-6		4-7	
综合单价			元	383.01		359.41	
其中	人工费		元	104.14		86.92	
	材料费		元	237.14		237.14	
	机械费		元	2.33		2.33	
	管理费		元	26.62		22.31	
	利润		元	12.78		10.71	
	二类工	工日	82.00	1.27	104.14	1.06	86.92
材料	04135535	配砖 190×90×40	m³	280.00	0.051	14.28	0.051	14.28
	04150113	蒸压加气混凝土砌块 600×250×100	m³	223.00	0.915	204.05		
	04150114	蒸压加气混凝土砌块 600×250×200	m³	223.00			0.915	204.05
	31150101	水	m³	4.70	0.10	0.47	0.10	0.47
	80050104	混合砂浆 M5	m³	193.00	0.095	13.84	0.095	13.84
	80050105	混合砂浆 M7.5	m³	195.20	(0.095)	(13.84)	(0.095)	(13.84)
机械	99050503	灰浆搅拌机 拌筒容量 200 L	台班	122.64	0.019	2.33	0.019	2.33

注：墙身内的砌过梁、压顶、檐口等处实砌砖，另按相应零星砌砖定额执行。
　　围墙基础与墙身的材料品种相同时，工程量应合并计算相应墙的定额。

表 2-4-12　砌块墙计价定额 3

工作内容：1．调、运、铺砂浆，运砌块。
　　　　　2．砌砖块（墙）、包括窗台虎头砖、门窗洞边接槎用标准砖。
　　　　　3．安放预制过梁板、垫块。

计量单位：m³

项目		单位	单价	4-27		4-28	
				KP1 多孔砖墙			
				240×115×90			
				1/2 砖		1 砖	
				数量	合计	数量	合计
综合单价		元		331.12		311.14	
其中	人工费	元		114.80		97.58	
	材料费	元		168.80		171.24	
	机械费	元		3.68		4.54	
	管理费	元		29.62		25.53	
	利润	元		14.22		12.25	
二类工		工日	82.00	1.40	114.80	1.19	97.58

续表

定额编号				4-27		4-28	
材料	04135500	标准砖 240×115×53	百块	42.00	0.013	5.46	0.15	6.30
	0430904	KP1 砖 240×115×90	百块	38.00	3.50	133.00	3.36	127.68
	80050104	混合砂浆 M5	m³	193.00	0.149	28.76	0.185	35.71
	80050105	混合砂浆 M7.5	m³	195.20	(0.149)	(29.08)	(0.185)	(36.11)
	80050106	混合砂浆 M10	m³	199.56	(0.149)	(29.73)	(0.185)	(36.92)
	31150101	水	m³	4.70	0.123	0.58	0.117	0.55
		其他材料费	元			1.00		1.00
机械	99050503	灰浆搅拌机 拌筒容量 200 L	台班	122.64	0.03	3.68	0.037	4.54

表 2-4-13　砖墙计价定额 1

工作内容：1. 清理地槽、递砖、调制砂浆、砌砖。

　　　　　2. 砌砖过梁、砌平拱、模板制作、安装、拆除。

　　　　　3. 安放预制过梁板、垫块、木砖。

计量单位：m³

定额编号				4-35	
项目		单位	单价	1 标准砖外墙	
				数量	合计
综合单价		元		442.66	
其中	人工费	元		118.90	
	材料费	元		271.87	
	机械费	元		5.76	
	管理费	元		31.17	
	利润	元		14.96	
二类工		工日	82.00	1.45	118.90
材料	04135500	标准砖 240×115×53	百块	42.00	5.36	225.12
	04010611	水泥 32.5 级	kg	0.31	0.30	0.09
	80010104	水合砂浆 M5	m³	180.37	(0.234)	(42.21)
	80010105	水合砂浆 M7.5	m³	182.23	(0.234)	(42.64)
	80010106	水合砂浆 M10	m³	191.53	(0.234)	(44.82)
	80050104	混合砂浆 M5	m³	193.00	0.234	45.16
	80050105	混合砂浆 M7.5	m³	195.20	(0.234)	(45.68)
	80050106	混合砂浆 M10	m³	199.56	(0.234)	(46.70)
	31150101	水	m³	4.70	0.107	0.50
		其他材料费	元			1.00
机械	99050503	灰浆搅拌机 拌筒容量 200 L	台班	122.64	0.047	5.76

表 2-4-14　砖墙计价定额 2

工作内容：1. 清理地槽、递砖、调制砂浆、砌砖。
　　　　　2. 砌砖过梁、砌平拱、模板制作、安装。
　　　　　3. 安放预制过梁板、垫块、木砖。　　　　　　　　　　　　　　计量单位：m³

定额编号				4-41	
项目		单位	单价	1. 标准砖内墙	
				数量	合计
综合单价		元		426.57	
其中	人工费	元		108.24	
	材料费	元		270.39	
	机械费	元		5.76	
	管理费	元		28.50	
	利润	元		13.68	
二类工		工日	82.00	1.32	108.24
材料	04135500	标准砖 240×115×53	百块	42.00	5..32	225.12
	04010611	水泥 32.5 级	kg	0.31	0.30	0.09
	80010104	水合砂浆 M5	m³	180.37	(0.235)	(42.39)
	80010105	水合砂浆 M7.5	m³	182.23	(0.235)	(42.82)
	80010106	水合砂浆 M10	m³	191.53	(0.235)	(45.01)
	80050104	混合砂浆 M5	m³	193.00	0.235	45.36
	80050105	混合砂浆 M7.5	m³	195.20	(0.235)	(45.87)
	80050106	混合砂浆 M10	m³	199.56	(0.235)	(46.90)
	31150101	水	m³	4.70	0.106	0.50
		其他材料费	元			1.00
机械	99050503	灰浆搅拌机 拌筒容量 200 L	台班	122.64	0.047	5.76

表 2-4-15　墙基防潮层计价定额

工作内容：搅拌、运输、浇捣、抹面、养护。　　　　　　　　　　　计量单位：10 m² 投影面积

定额编号				4-52		4-53	
项目		单位	单价	墙基防潮层			
				防水砂浆		防水混凝土 6 cm 厚	
				数量	合计	数量	合计
综合单价		元			173.94		276.41
其中	人工费	元			58.22		77.08
	材料费	元			87.13		157.92
	机械费	元			5.15		9.41
	管理费	元			15.84		21.62
	利润	元			7.60		10.38

定额编号				4-52		4-53	
二类工		工日	82.00	0.71	58.22	0.94	77.08
材料	80070305 防水砂浆 1 : 2	m³	414.89	0.21	87.13		
	80210903 防水混凝土 C20P10	m³	258.89			0.61	157.92
机械	99050503 灰浆搅拌机 拌筒容量 200 L	台班	122.64	0.042	5.15	0.06	9.41

注：墙基防潮层的模板、钢筋应按其他章节的有关规定另行计算，设计砂浆、混凝土配合比不同单价应换算。

表 2-4-16 砌筑砂浆配合比表 1　　　　计量单位：m³

编码				80010103		80010104		80010105		80010106	
				水泥砂浆							
项目	单位	单价		砂浆强度等级							
				M2.5		M5		M7.5		M10	
基价		元		数量	合计	数量	合计	数量	合计	数量	合计
				175.72		180.37		182.23		191.53	
材料	水泥 32.5 级	kg	0.31	202	62.62	217	62.67	223	69.13	253	78.43
	中砂	t	69.37	1.61	111.69	1.61	111.69	1.61	111.69	1.61	111.69
	水	m³	4.70	0.30	1.41	0.30	1.41	0.30	1.41	0.30	1.41

表 2-4-17 砌筑砂浆配合比表 2　　　　计量单位：m³

编码				80050103		80050104		80050105		80050106	
				混合砂浆							
项目	单位	单价		砂浆强度等级							
				M2.5		M5		M7.5		M10	
基价		元		数量	合计	数量	合计	数量	合计	数量	合计
				188.64		193.00		195.20		199.56	
材料	水泥 32.5 级	kg	0.31	174.0	53.94	202.0	62.62	223.0	71.30	258	79.98
	中砂	t	69.37	1.61	111.69	1.16	111.69	1.61	111.69	1.61	111.69
	石灰膏	m³	216.0	0.10	21.60	0.08	17.28	0.05	10.80	0.03	6.48
	水	m³	4.70	0.30	1.41	0.30	1.41	0.30	1.41	0.30	1.41

注：砌筑砂浆配合比表［选自《江苏省建筑与装饰工程计价定额（2014）》附录四］。

4.3 任务实施

任务一

1．识读图纸

该砖基础采用 MU15 蒸压粉煤灰砖、M10 水泥砂浆砌筑，±0.000 以下为砖基础，总高度为 1 250 mm（注意：地圈梁以上到 ±0.000 高度为 60 mm），砖基础在Ⓑ～Ⓔ、Ⓔ～Ⓖ扣除框架柱净长分别为 7 400 mm、6 640 mm。

根据图纸可以知道，砖基础与其他构件的关系如图 2-4-18 所示。

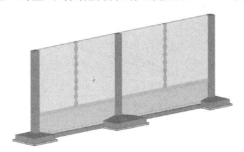

图 2-4-18　砖基础与其他构件位置关系

2．信息提取

蒸压粉煤灰砖常见规格：240 mm×115 mm×53 mm、190 mm×90 mm×53 mm，本工程基础墙厚标注尺寸为 240 mm，应选择 240 mm×115 mm×53 mm 规格的砖砌筑，计算墙厚按构造尺寸 240 mm。基础大放脚高、宽计算取值根据构造要求应为 126 mm、62.5 mm。

通过查询获取人工、材料、机械市场价格（具体价格见表 2-4-18）。

表 2-4-18　资源市场价格表

序号	资源名称	单位	不含税市场价 / 元
1	二类工	工日	90
2	蒸压粉煤灰砖 240×115×53（MU15）	m³	470.00
3	水泥 32.5 级	kg	0.47
4	中砂	t	134.51
5	水	m³	4.30
6	灰浆搅拌机 拌筒容量 200 L	台班	108.53

3．工程量计算（本案例计价工程量同清单工程量）

体积＝（0.24×1.25<基础净高＞＋0.063×0.126×2<大放脚截面面积＞）×（7.40＋6.64）<柱间净长度＞-（0.081×2＋0.048×2）<扣与独基重叠部分＞- 0.24×（0.24＋0.03×2）×0.06×2<扣地圈梁以上与构造柱重叠部分＞＝ 4.17（m³）

其中独基重叠部分（图 2-4-19）计算式如下：

与 J-3 单侧重叠部分：［（0.24<砖基础宽度＞＋0.063<大放脚宽度＞×2）×0.126<高度＞＋0.24<砖基础宽度＞×0.024<高度＞］×1.05<砖基础与独立基础重叠部

分长度 > ＋（0.05< 独立基础上表面距离框架柱侧距离 > ＋1.05）×0.2< 高度 >/2×0.24 ＝ 0.081（m³）

与 J-1（J-6）单侧重叠部分：〔（0.24 ＋ 0.063< 大放脚宽度 >×2）×0.126< 高度 > ＋ 0.24×0.024< 高度 >〕×0.67< 砖基础与独立基础重叠部分长度 > ＋（0.05< 独立基础上表面距离框架柱侧距离 > ＋ 0.67）×0.15< 高度 >/2×0.24 ＝ 0.048（m³）

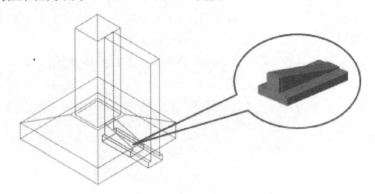

图 2-4-19　砖基础与混凝土独立基础重叠部分示意

4．清单编制

清单编制见表 2-4-19。

表 2-4-19　清单编制

项目编码	项目名称	项目特征	计量单位	工程量
010401001001	砖基础	1．砖品种、规格、强度等级：240×115×53，MU15 蒸压粉煤灰砖 2．基础类型：条形基础 3．砂浆强度等级：M10 水泥砂浆	m³	4.17

5．清单综合单价计算

清单综合单价计算见表 2-4-20。

表 2-4-20　清单综合单价计算

项目编码	010401001001		项目名称		砖基础	计量单位	m³	工程量	4.17
清单综合单价组成明细									
定额编号	定额项目名称	定额单位	数量	单价				合价	
				人工费	材料费	机械费	管理费和利润	人工费	材料费	机械费	管理费和利润
4-1 换	直形砖基础	m³	1	108	440.83	5.21	43.02	108	440.83	5.21	43.02
小计								108	440.83	5.21	43.02
清单项目综合单价								597.06			

单价费用计算过程如下：

人工费：90×1.2 ＝ 108（元）

材料费：

（1）每立方米 M10 水泥砂浆单价计算过程：

水泥 32.5 级　0.47×253< 表 2-4-16 中 M10 水泥砂浆中水泥用量 > ＝ 118.91（元）

中砂　　　　134.51×1.61< 表 2-4-16 中 M10 水泥砂浆中中砂用量 > ＝ 216.56（元）

水　　　　　4.3×0.30< 表 2-4-16 中 M10 水泥砂浆中水用量 > ＝ 1.29（元）

118.91 ＋ 216.56 ＋ 1.29 ＝ 336.76（元 /m³）

（2）材料费计算：

蒸压粉煤灰砖：240×115×53：0.24×0.115×0.053×522< 每 m³ 砖基础标准砖的消耗量 >×470 ＝ 358.88（元）

水泥砂浆 M10：336.76×0.242 ＝ 81.50（元）

水：4.3×0.104 ＝ 0.45（元）

材料费合计：358.88 ＋ 81.50 ＋ 0.45 ＝ 440.83（元）

机械费：108.53×0.048 ＝ 5.21（元）

管理费：（108 ＋ 5.21）×26% ＝ 29.43（元）

利润：（108 ＋ 5.21）×12% ＝ 13.59（元）

6. 清单综合价计算

清单综合价计算详见表 2-4-21。

表 2-4-21　分部分项工程量清单与计价表

项目编码	项目名称	项目特征	计量单位	工程量	金额 / 元		
					综合单价	合价	其中
							暂估价
010401001001	砖基础	1. 砖品种、规格、强度等级：240×115×53、MU15 蒸压粉煤灰砖 2. 基础类型：条形基础 3. 砂浆强度等级：M10 水泥砂浆	m³	4.17	597.06	2 489.24	

任务二

1. 识读图纸

根据设计说明及墙体平面图所示，该部分墙体与其他构件如图 2-4-20 所示。

图 2-4-20　Ⓖ轴墙体及其他构件示意

2. 工程量计算（本案例计价工程量同清单工程量）

首层轴Ⓖ / ①～⑥墙体体积 ＝（22-0.4×3-0.3×2）< 柱间净长度 >×（3.9-0.6）< 层高－梁高 >×0.20< 墙厚 >-3.00< 扣除窗 >-0.314< 扣除构造柱 >-0.079< 扣除马牙槎 >-0.36< 扣除抱框 >-0.090< 扣除梯柱 >-0.372< 扣除混凝土过梁 >-0.156< 扣除窗台

板 >-0.208< 扣除平台梁 > = 8.75（m3）

其中：

C1、C2 体积：$(1.5×1.5×4 + 2×1.5×2)×0.20 = 3.00$（m³）

构造柱：$0.24×0.20×3.3×2 = 0.317$（m³）

马牙槎：$0.03×0.20×3.3×4 = 0.079$（m³）

抱框：$0.1×0.20×1.5×12 = 0.36$（m³）

梯柱：$0.2×0.20×2.245 = 0.090$（m³）

过梁：$0.20×0.12×2×4 + 0.20×0.18×2.5×2 = 0.372$（m³）

窗台板：$0.20×0.06×2×4 + 0.20×0.06×2.5×2 = 0.156$（m³）

平台梁：$0.20×0.4×2.6 = 0.208$（m³）

3. 清单编制

清单编制见表 2-4-22。

表 2-4-22　清单编制

项目编码	项目名称	项目特征	计量单位	工程量
010402001001	砌块墙	1. 砌块品种、规格、强度等级：A3.5 B06 蒸压砂加气混凝土砌块 2. 墙体类型：200 厚框架间墙 3. 砂浆强度等级、配合比：M5 混合砂浆	m³	8.75

4. 综合价计算

根据工程背景，该清单应选择定额 4-7 <200 厚普通砂浆砌筑加气混凝土砌块墙（用于无水房间、底无混凝土坎台）>，综合单价为 359.41 元 / m³，综合价为 359.41×8.75 = 3 144.84（元）。

任务三

1. 图纸识读和信息收集

根据设计说明及墙体施工图，该部分砖基础、墙体及其他构件如图 2-4-21、图 2-4-22 所示。

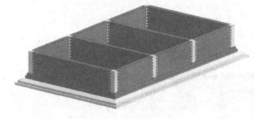

图 2-4-21　砖基础三维示意

图 2-4-22　墙体三维示意

该建筑砖基础大放脚为等高式二阶标准砖，计算砖基础体积时，大放脚部分采用折加高度法简化计算。

折加高度，可通过手机微信、QQ 扫描二维码 2-4-3 获取。

二维码 2-4-3

2．工程量计算

工程量计算见表2-4-23。

表2-4-23　工程量计算

计算项目	计量单位	计算式	工程量
砖基础	m³	基础长度：$L_{外墙下}$＝（9＋5）×2＝28（m） $L_{内墙下}$＝（5-0.24）×2＝9.52（m） $L_{合}$＝28＋9.52＝37.52（m） 截面面积：S＝0.24×（1.3＋0.197＜大放脚折加高度＞）＝0.359（m²） 体积：37.52×0.359＝13.470（m³） 扣除构造柱： 0.24×0.24×1.3×8＋0.24×0.03×1.3×20＝0.786（m³） 13.47-0.786＝12.684（m³）	12.68
防潮层	m²	37.52×0.24＝9.005（m²）	9.01
多孔砖墙（240外墙）	m³	体积：28＜墙长＞×0.24＜墙厚＞×2.5＜墙高＞＝16.80（m³） 扣除构造柱： 0.24×0.24×2.5×8＋0.24×0.03×2.5×16＝1.44（m³） 扣除门（M1）： 1.2×2.5×0.24×2＝1.44（m³） 扣除窗： C1：1.5×1.5×0.24＝0.54（m³） C2：1.2×1.5×0.24×5＝2.16（m³） 扣除窗台板： C1：（1.5＋0.06×2）×0.06×0.24＝0.023（m³） C2：（1.2＋0.06×2）×0.06×0.24×5＝0.095（m³） 16.80-1.44-1.44-0.54-2.16-0.023-0.095＝11.10（m³）	11.10
多孔砖墙（240内墙）	m³	体积：(5-0.24)＜墙长＞×0.24＜墙厚＞×2.5＜墙高＞×2＝5.712（m³） 扣除门（M2）：0.9×2.1×0.24×2＝0.907（m³） 扣除过梁：（0.9＋0.25×2）×0.24×0.12×2＝0.081（m³） 扣除马牙槎：0.24×0.03×2.5×4＝0.072（m³） 5.712-0.907-0.081-0.072＝4.652（m³）	4.65
多孔砖墙（120内墙）	m³	体积：(3-0.24)＜墙长＞×0.115＜墙厚＞×（2.8-0.1)＜墙高＞＝0.857（m³） 扣除门（M2）：0.9×2.1×0.115＝0.217（m³） 扣除过梁：（0.9＋0.25×2）×0.12×0.115＝0.019（m³） 0.857-0.217-0.019＝0.621（m³）	0.62
女儿墙	m³	体积：28＜墙长＞×0.24＜墙厚＞×0.3＜墙高＞＝2.016（m³） 扣除构造柱： 0.24×0.24×0.3×8＋0.24×0.03×0.3×16＝0.173（m³） 2.016-0.173＝1.84（m³）	1.84

3．清单编制

清单编制见表2-4-24。

表 2-4-24　清单编制

项目编码	项目名称	项目特征	计量单位	工程量
010401001001	砖基础	1. 砖品种、规格、强度等级：MU15 240×115×53 蒸压灰砂砖 2. 基础类型：条形基础 3. 砂浆强度等级：M7.5 混合砂浆 4. 防潮层材料种类：20 厚 1：2 水泥砂浆	m³	12.68
010401003001	实心砖墙	1. 砖品种、规格、强度等级：MU15 240×115×53 蒸压灰砂砖 2. 墙体类型：女儿墙 3. 砂浆强度等级、配合比：M7.5 混合砂浆	m³	1.84
010401004001	多孔砖墙	1. 砖品种、规格、强度等级：MU15 240×115×90 KP1 多孔砖 2. 墙体类型：240 外墙 3. 砂浆强度等级、配合比：M5 混合砂浆	m³	11.10
010401004002	多孔砖墙	1. 砖品种、规格、强度等级：MU15 240×115×90 KP1 多孔砖 2. 墙体类型：240 内墙 3. 砂浆强度等级、配合比：M5 混合砂浆	m³	4.65
010401004003	多孔砖墙	1. 砖品种、规格、强度等级：MU15 240×115×90 KP1 多孔砖 2. 墙体类型：120 内墙 3. 砂浆强度等级、配合比：M5 混合砂浆	m³	0.62

4. 清单综合单价计算

（1）砖基础综合单价计算见表 2-4-25。

表 2-4-25　砖基础综合单价计算

项目编码	010401001001		项目名称	砖基础	计量单位	m³	工程量	12.68

				清单综合单价组成明细				

定额编号	定额项目名称	定额单位	数量	单价				合价			
				人工费	材料费	机械费	管理费和利润	人工费	材料费	机械费	管理费和利润
4-1 换	直形砖基础	m³	1	98.40	266.97	5.89	38.58	98.40	266.97	5.89	38.58
4-52	防水砂浆墙基防潮层	10 m²	0.071	58.22	87.13	5.15	23.44	4.13	6.19	0.37	1.66
小计								102.53	273.16	6.26	40.24
清单项目综合单价								422.19			

定额 4-1 换算内容：

M5 水泥砂浆换为 M7.5 混合砂浆，查表 2-4-17 砌筑砂浆配合比表可知 M7.5 混合砂浆单价为 195.20 元 / m³。

材料费增加（195.20-180.37）×0.242 = 3.59（元），材料费合计 263.38 + 3.59 = 266.97（元）。

（2）实心砖墙综合单价计算见表2-4-26。

表2-4-26　实心砖墙综合单价计算

项目编码	010401003001		项目名称	实心砖墙	计量单位	m³	工程量	1.84
清单综合单价组成明细								
定额编号	定额项目名称	定额单位	数量	单价				
				人工费	材料费	机械费	管理费和利润	

定额编号	定额项目名称	定额单位	数量	人工费	材料费	机械费	管理费和利润	人工费	材料费	机械费	管理费和利润
4-35换	标准砖1砖外墙	m³	1	118.90	271.99	5.76	46.13	118.90	271.99	5.76	46.13
小计								118.90	271.99	5.76	46.13
清单项目综合单价								442.78			

定额4-35换算内容：

M5混合砂浆换为M7.5混合砂浆，材料费增加（45.68-45.16）×0.234 = 0.12（元），材料费合计271.87 + 0.12 = 271.99（元）。

（3）多孔砖墙综合单价计算见表2-4-27、表2-4-28。

表2-4-27　多孔砖墙综合单价计算1

项目编码	010401004001		项目名称	多孔砖墙	计量单位	m³	工程量	11.10
清单综合单价组成明细								

定额编号	定额项目名称	定额单位	数量	人工费	材料费	机械费	管理费和利润	人工费	材料费	机械费	管理费和利润
4-28	1砖 240×115×90KP1多孔砖墙	m³	1	97.58	171.24	4.54	37.78	97.58	171.24	4.54	37.78
小计								97.58	171.24	4.54	37.78
清单项目综合单价								311.14			

注：多孔砖240内墙清单综合单价同外墙。

表2-4-28　多孔砖墙综合单价计算2

项目编码	010401004003		项目名称	多孔砖墙	计量单位	m³	工程量	0.62
清单综合单价组成明细								

定额编号	定额项目名称	定额单位	数量	人工费	材料费	机械费	管理费和利润	人工费	材料费	机械费	管理费和利润
4-27	1/2砖 240×115×90KP1多孔砖墙	m³	1	114.80	168.80	3.68	43.84	114.80	168.80	3.68	43.84
小计								114.80	168.80	3.68	43.84
清单项目综合单价								331.12			

5. 分部分项工程量清单与计价表填写

分部分项工程量清单与计价表见表2-4-29。

表2-4-29 分部分项工程量清单与计价表

项目编码	项目名称	项目特征	计量单位	工程量	综合单价	合价	其中 暂估价
		砌筑工程					
010401001001	砖基础	1. 砖品种、规格、强度等级：MU15 240×115×53 蒸压灰砂砖 2. 基础类型：条形基础 3. 砂浆强度等级：M7.5 混合砂浆 4. 防潮层材料种类：20 厚 1：2 水泥砂浆	m³	12.68	422.19	5 353.37	
010401003001	实心砖墙	1. 砖品种、规格、强度等级：MU15 240×115×53 蒸压灰砂砖 2. 墙体类型：女儿墙 3. 砂浆强度等级、配合比：M7.5 混合砂浆	m³	1.84	442.78	814.72	
010401004001	多孔砖墙	1. 砖品种、规格、强度等级：MU15 240×115×90 KP1 多孔砖 2. 墙体类型：240 外墙 3. 砂浆强度等级、配合比：M5 混合砂浆	m³	11.10	311.14	3 453.65	
010401004002	多孔砖墙	1. 砖品种、规格、强度等级：MU15 240×115×90 KP1 多孔砖 2. 墙体类型：240 内墙 3. 砂浆强度等级、配合比：M5 混合砂浆	m³	4.65	311.14	1 446.80	
010401004003	多孔砖墙	1. 砖品种、规格、强度等级：MU15 240×115×90 KP1 多孔砖 2. 墙体类型：120 墙 3. 砂浆强度等级、配合比：M5 混合砂浆	m³	0.62	331.12	205.29	
		分部小计				11 273.83	

四、任务练习

某单层建筑物平面图如图2-4-23所示。现浇平屋面，层高为3.6 m，净高为3.48 m，混合砂浆 M5 砌筑一砖（标准砖）墙，墙体中其他构件体积及门窗表分别见表2-4-30、表2-4-31。根据该工程背景资料计算内、外墙工程量，列出清单，并参照本书的定额、当地工程实践、市场价计算该部分墙体的清单综合价。

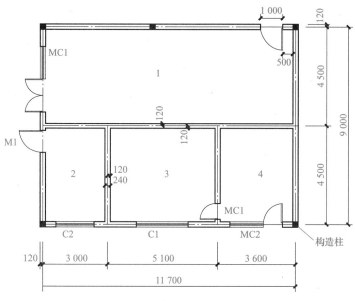

图 2-4-23　某单层建筑物平面图

表 2-4-30　墙体中其他构件体积

墙身名称	埋件体积 /m³		
	构造柱体积	过梁体积	圈梁体积
外墙	1.98	0.587	2.74
内墙		0.032	0.86

表 2-4-31　门窗表

门窗编号	洞口尺寸 /mm		数量	备注
	宽	高		
C1	2 400	1 800	1	铝合金窗
C2	1 800	1 800	1	铝合金窗
MC1	3 000	2 700	1	铝合金门连窗，窗尺寸同 C2
MC2	2 400	2 700	1	铝合金门连窗，窗尺寸 1 500 mm×1 800 mm
M1	1 000	2 700	3	铝合金门

任务名称	砌筑工程计量与计价		
课题名称	砖砌墙体的清单编制与综合价计算		
学生姓名		所在班级	
所学专业		完成任务时间	
指导老师		完成任务日期	

一、任务描述
详见四、任务练习

二、任务解答
1. 信息收集
_____
_____
_____

2. 工程量计算

计算项目	部位	计算单位	计算式	工程量

3. 清单编制

项目编码	项目名称	项目特征	计量单位	工程量

4. 清单综合单价计算

项目编码				项目名称		计量单位		工程量	
清单综合单价组成明细									
定额编号	定额项目名称	定额单位	数量	单价				合价			

定额编号	定额项目名称	定额单位	数量	人工费	材料费	机械费	管理费和利润	人工费	材料费	机械费	管理费和利润
小计											
清单项目综合单价											

定额单价计算过程:
_____
_____
_____

项目编码			项目名称		计量单位		工程量	

清单综合单价组成明细

定额编号	定额项目名称	定额单位	数量	单价				合价			
				人工费	材料费	机械费	管理费和利润	人工费	材料费	机械费	管理费和利润
小计											
清单项目综合单价											

定额单价计算过程:

_____

_____

5. 清单综合价

分部分项工程量清单与计价表

项目编码	项目名称	项目特征	计量单位	工程量	金额 / 元		
					综合单价	合价	其中
							暂估价

三、体会与总结

四、指导老师评价意见

指导老师签字:

日期:

任务五　屋面及防水工程计量与计价

知识目标

1. 熟悉屋面工程及其他部位防水工程常见施工工艺、构造做法，掌握相应的计量规则、计算方法；

2. 掌握屋面工程及其他部位防水工程计价基础知识，熟悉常用定额。

技能目标

1. 能够正确识读建筑施工图，根据设计图纸、建筑材料、设定的施工方案等列出屋面防水分部清单，计算分项工程量；

2. 能够根据屋面及防水工程计价规范、计价定额、工程实际，正确套用定额，并能熟练进行定额换算；

3. 能够根据屋面及防水工程项目清单特征正确进行组价，计算清单项目的综合单价及综合价。

素质目标

1. 遵守相关法律法规、标准和管理规定；

2. 培养工匠精神，养成科学、严谨、认真的工作态度；

3. 养成爱岗敬业，团结协作的良好职业操守。

一、任务描述

任务一

某办公楼屋面采用瓦屋面，其示意图如图 2-5-1 所示，混凝土屋面板厚为 200 mm，瓦屋面构造详图如图 2-5-2 所示，玻璃瓦（300 mm×150 mm×10 mm）含税单价为 1.78 元/块，玻璃脊瓦（350 mm×108 mm×60 mm）含税单价为 3.25 元/块，计算屋面防水工程量、编制清单，并采用简易计税方法计算清单综合价［人工、材料、机械、管理费、利润均按照《江苏省建筑与装饰工程计价定额（2014）》计算］。

任务二

某办公楼厕所平面图如图 2-5-3 所示，墙体厚度为 200 mm，厕所内隔墙厚度为 100 mm，门洞尺寸为 900 mm×2 100 mm，其地面构造做法如图 2-5-4 所示，计算该厕所地面防水工程量，列出清单，并计算该部分防水的综合单价及综合价［人工、材料、机械、管理费、利润均按照《江苏省建筑与装饰工程计价定额（2014）》计算］。

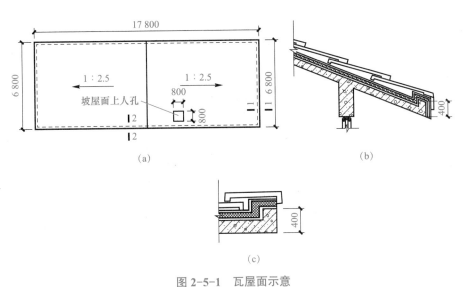

图 2-5-1　瓦屋面示意

（a）平面图；（b）1-1剖面图；（c）2-2剖面图

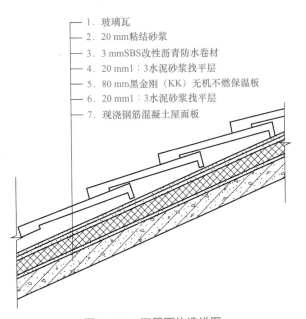

1. 玻璃瓦
2. 20 mm粘结砂浆
3. 3 mmSBS改性沥青防水卷材
4. 20 mm1：3水泥砂浆找平层
5. 80 mm黑金刚（KK）无机不燃保温板
6. 20 mm1：3水泥砂浆找平层
7. 现浇钢筋混凝土屋面板

图 2-5-2　瓦屋面构造详图

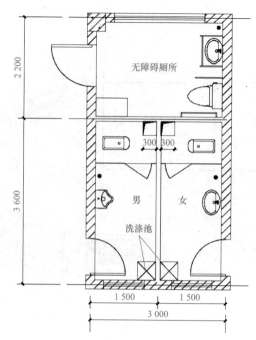

图 2-5-3 某办公楼厕所平面图

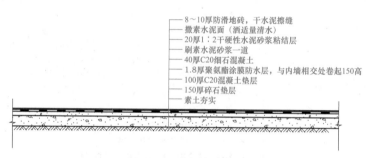

图 2-5-4 地面构造详图

二、任务资讯

（一）屋面及防水工程常见分项工程工程量计算规则

1. 《计算规范》屋面及防水分部节选

（1）瓦、型材及其他屋面工程量计算规则见表 2-5-1。

表 2-5-1 瓦、型材及其他屋面工程量计算规则

项目编码	项目名称	项目特征	计量单位	工程量计算规则	工作内容
010901001	瓦屋面	1. 瓦品种、规格 2. 粘结层砂浆的配合比	m²	按设计图示尺寸以斜面积计算 不扣除房上烟囱、风帽底座、风道、小气窗、斜沟等所占面积。小气窗的出檐部分不增加面积	1. 砂浆制作、运输、摊铺、养护 2. 安瓦、作瓦脊

（2）屋面防水及其他工程量计算规则见表 2-5-2。

表 2-5-2　屋面防水及其他工程量计算规则

项目编码	项目名称	项目特征	计量单位	工程量计算规则	工作内容
010902001	屋面卷材防水	1. 卷材品种、规格、厚度 2. 防水层数 3. 防水层做法	m²	按设计图示尺寸以面积计算 1. 斜屋顶（不包括平屋顶找坡）按斜面积计算，平屋顶按水平投影面积计算 2. 不扣除房上烟囱、风帽底座、风道、屋面小气窗和斜沟所占面积 3. 屋面的女儿墙、伸缩缝和天窗等处的弯起部分，并入屋面工程量内	1. 基层处理 2. 刷底油 3. 铺油毡卷材、接缝
010902002	屋面涂膜防水	1. 防水膜品种 2. 涂膜厚度、遍数 3. 增强材料种类			1. 基层处理 2. 刷基层处理剂 3. 铺布、喷涂防水层
010902003	屋面刚性层	1. 刚性层厚度 2. 混凝土种类 3. 混凝土强度等级 4. 嵌缝材料种类 5. 钢筋规格、型号		按设计图示尺寸以面积计算。不扣除房上烟囱、风帽底座、风道等所占面积	1. 基层处理 2. 混凝土制作、运输、铺筑、养护 3. 钢筋制安

注：1. 屋面刚性层无钢筋，其钢筋项目特征不必描述。
2. 屋面找平层按《计算规范》附录 L 楼地面装饰工程"平面砂浆找平层"项目编码列项。

（3）墙面防水、防潮工程量计算规则见表 2-5-3。

表 2-5-3　墙面防水、防潮工程计算规则

项目编码	项目名称	项目特征	计量单位	工程量计算规则	工作内容
010903001	墙面卷材防水	1. 卷材品种、规格、厚度 2. 防水层数 3. 防水层做法	m²	按设计图示尺寸以面积计算	1. 基层处理 2. 刷粘结剂 3. 铺防水卷材 4. 接缝、嵌缝
010903002	墙面涂膜防水	1. 防水膜品种 2. 涂膜厚度、遍数 3. 增强材料种类			1. 基层处理 2. 刷基层处理剂 3. 铺布、喷涂防水层
010903003	墙面砂浆防水（防潮）	1. 防水层做法 2. 砂浆厚度、配合比 3. 钢丝网规格			1. 基层处理 2. 挂钢丝网片 3. 设置分格缝 4. 砂浆制作、运输、摊铺、养护

注：1. 墙面防水搭接及附加层用量不另行计算，在综合单价中考虑。
2. 墙面找平层按《计算规范》附录 M 墙、柱面装饰与隔断、幕墙工程"立面砂浆找平层"项目编码列项。

（4）楼（地）面防水、防潮工程量计算规则见表 2-5-4。

表 2-5-4　楼（地）面防水、防潮工程量计算规则

项目编码	项目名称	项目特征	计量单位	工程量计算规则	工作内容
010904001	楼（地）面卷材防水	1. 卷材品种、规格、厚度 2. 防水层数 3. 防水层做法 4. 反边高度	m²	按设计图示尺寸以面积计算。 1. 楼（地）面防水：按主墙间净空面积计算，扣除凸出地面的构筑物、设备基础等所占面积，不扣除间壁墙及单个面积≤0.3 m²柱、垛、烟囱和孔洞所占面积。 2. 楼（地）面防水反边高度≤300 mm算作地面防水，反边高度>300 mm按墙面防水计算	1. 基层处理 2. 刷粘结剂 3. 铺防水卷材 4. 接缝、嵌缝
010904002	楼（地）面涂膜防水	1. 防水膜品种 2. 涂膜厚度、遍数 3. 增强材料种类 4. 反边高度			1. 基层处理 2. 刷基层处理剂 3. 铺布、喷涂防水层
010904003	楼（地）面砂浆防水（防潮）	1. 防水层做法 2. 砂浆厚度、配合比 3. 反边高度			1. 基层处理 2. 砂浆制作、运输、摊铺、养护

注：1. 楼（地）面防水找平层按《计算规范》附录 L 楼地面装饰工程"平面砂浆找平层"项目编码列项。
2. 楼（地）面防水搭接及附加层用量不另行计算，在综合单价中考虑。

屋面及防水工程量计算规范清单项目更多内容可通过手机微信、QQ 扫描二维码 2-5-1 获取。

2. 《江苏省建筑与装饰工程计价定额（2014）》中砌筑工程量计算规则

《江苏省建筑与装饰工程计价定额（2014）》中砌筑工程量计算规则的基本规定与《计算规范》中的规定一致。

（二）《江苏省建筑与装饰工程计价定额（2014）》中屋面及防水工程计价定额说明节选

1. 屋面防水

屋面防水分为瓦、卷材、刚性、涂膜四个部分。

（1）瓦材规格与定额不同时，瓦的数量可以换算，其他不变。换算公式：

$$\frac{10\ \text{m}^2}{瓦有效长度×有效宽度}×1.025（操作损耗）$$

（2）瓦屋面按图示尺寸的水平投影面积乘以屋面坡度延尺系数 C（表 2-5-5）计算（瓦出线已包括在内），不扣除房上烟囱、风帽底座、风道、屋面小气窗、斜沟等所占面积，屋面小气窗的出檐部分也不增加。

二维码 2-5-1

表 2-5-5　屋面坡度系数表

坡度比例 a/b	角度 α	延尺系数 C	隔延尺系数 D
1/1	45°	1.414 2	1.732 1
1/1.5	33°40′	1.201 5	1.562 0
1/2	26°34′	1.118 0	1.500 0
1/2.5	21°48′	1.077 0	1.469 7

坡度比例 a/b	角度 α	延尺系数 C	隔延尺系数 D
1/3	18°26′	1.054 1	1.453 0
注：屋面坡度大于 45° 时，按设计斜面面积计算。			

瓦屋面的屋脊、蝴蝶瓦的檐口花边、滴水应另列项目按延长米计算，四坡屋面斜脊长度按图 2-5-5 中 b 乘以隔延尺系数 D（表 2-5-5）以延长米计算，山墙泛水长度 ＝ A×C，瓦穿钢丝、钉钢钉、水泥砂浆粉挂瓦条按每 10 m² 斜面积计算。

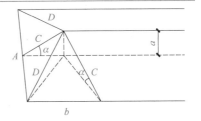

图 2-5-5　屋面参数示意

（3）卷材屋面工程量按以下规定计算。

①卷材屋面按图示尺寸的水平投影面积乘以规定的坡度系数计算，但不扣除房上烟囱、风帽底座、风道、屋面小气窗和斜沟所占面积。女儿墙、伸缩缝、天窗等处的弯起高度按图示尺寸计算并入屋面工程量；如图纸无规定时，伸缩缝、女儿墙的弯起高度按 250 mm 计算，天窗弯起高度按 500 mm 计算并入屋面工程量；檐沟、天沟按展开面积并入屋面工程量。

②其他卷材屋面已包括附加层内，不另行计算；收头、接缝材料已列入定额。

③高聚物、高分子防水卷材粘贴，实际使用的胶粘剂与本定额不同，单位可以换算，其他不变。

（4）屋面刚性防水按设计图示尺寸以面积计算，不扣除房上烟囱、风帽底座、风道等所占面积。

（5）屋面涂膜防水工程量计算同卷材屋面，冷胶"二布三涂"项目，其"三涂"是指涂膜构成的防水层数，并非指涂刷遍数，每一涂层的厚度必须符合规范（每一涂层刷二至三遍）要求。

2. 平面、立面防水工程量

（1）平、立面及其他防水是指楼地面及墙面的防水，分为涂刷、砂浆、粘贴卷材三部分，既适用建筑物（包括地下室），又适用构筑物。

（2）涂刷油类防水按设计涂刷面积计算。

（3）防水砂浆防水按设计抹灰面积计算，扣除凸出地面的构筑物、设备基础及室内铁道所占的面积，不扣除附墙垛、柱、间壁墙、附墙烟囱及 0.3 m² 以内孔洞所占面积。

（4）粘贴卷材、布类。

①平面：建筑物地面、地下室防水层按主墙（承重墙）间净面积计算，扣除凸出地面的构筑物、柱、设备基础等所占面积，不扣除附墙垛、间壁墙、附墙烟囱及 0.3 m² 以内孔洞所占面积。与墙间连接处高度在 300 mm 以内者，按展开面积计算并入平面工程量，超过 300 mm 时，按立面防水层计算。

②立面：墙身防水层按设计图示尺寸以面积计算，扣除立面孔洞所占面积（0.3 m² 以内孔洞不扣）。

③构筑物防水层按设计图示尺寸以面积计算，不扣除 0.3 m² 以内孔洞面积。

屋面及防水工程定额工程量计价说明及计价工程量计算规则更多内容可通过手机微

信、QQ 扫描二维码 2-5-2 获取。

3．防水定额

《江苏省建筑与装饰工程计价定额（2014）》中屋面及防水工程的定额分为四部分，分别是屋面防水，平面立面及其他防水，伸缩缝、止水带，屋面排水。

二维码 2-5-2

（1）屋面防水部分有瓦屋面及彩钢板屋面、卷材屋面、屋面找平层、刚性防水屋面，涂膜屋面定额。

（2）平面立面及其他防水部分有涂刷油类、防水砂浆、粘贴卷材纤维定额。

（3）伸缩缝、止水带有伸缩缝、盖缝、止水带定额。

（4）屋面排水有 PVC 管排水、铸铁管排水、玻璃钢管排水定额。

屋面及防水工程常用定额子目见表 2-5-6。

表 2-5-6 常用屋面及防水定额子目

分项工程	定额编号	定额名称
屋面防水	10-1	黏土瓦铺在挂瓦条上 铺瓦
	10-2	黏土瓦铺在挂瓦条上 脊瓦
	10-7	水泥彩瓦 铺瓦
	10-8	水泥彩瓦 脊瓦
	10-30	SBS 改性沥青防水卷材冷粘法 单层
	10-31	SBS 改性沥青防水卷材冷粘法 双层
	10-32	SBS 改性沥青防水卷材热熔满铺法 单层
	10-33	SBS 改性沥青防水卷材热熔满铺法 双层
	10-38	APP 改性沥青防水卷材冷粘法 单层
	10-39	APP 改性沥青防水卷材冷粘法 双层
	10-40	APP 改性沥青防水卷材热熔满铺法 单层
	10-41	APP 改性沥青防水卷材热熔满铺法 双层
	10-53	高分子防水卷材 三元乙丙卷材 APP 粘结剂
	10-63	改性沥青防水卷材屋面满粘
	10-64	改性沥青防水卷材屋面条粘
	10-69	细石混凝土 有分格缝 40 mm 厚
	10-70	泵送预拌细石混凝土 有分格缝 40 mm 厚
	10-72	水泥砂浆 有分格缝 20 mm 厚
	10-73	水泥砂浆 有分格缝 每增（减）5 mm
	10-77	细石混凝土 有分格缝 40 mm 厚
	10-79	细石混凝土 有分格缝 每增（减）5 mm
	10-80	泵送预拌细石混凝土 有分格缝 40 mm 厚
	10-82	泵送预拌细石混凝土 有分格缝 每增（减）5 mm
	10-97	聚氨酯防水层 2 mm 厚
	10-98	聚氨酯防水层 每增（减）0.5 mm

分项工程	定额编号	定额名称
平面立面及其他防水	10-99	刷冷底子油 第一遍
	10-100	刷冷底子油 第二遍
	10-116	刷聚氨酯防水涂料（平面）二涂 2.0 mm
	10-117	刷聚氨酯防水涂料（立面）二涂 2.0 mm
	10-121	防水砂浆 平面
	10-122	防水砂浆 立面
	10-157	改性沥青卷材满铺 平面
	10-158	改性沥青卷材满铺 立面
伸缩缝、止水带	10-170	建筑油膏
	10-174	聚氨酯 建筑密封胶 位移能力
屋面排水	10-202	PVC 落水管 ϕ110
	10-211	铸铁落水管 ϕ100

4. 定额节选表

《江苏省建筑与装饰工程计价定额（2014）》中楼地面部分计价定额节选见表 2-5-7～表 2-5-13。

表 2-5-7 瓦屋面

工作内容：1. 切割、铺瓦。
　　　　　2. 调运砂浆、安装脊瓦（件）、钻孔固定封檐瓦、色浆密封。

定额编号				10-7		10-8		10-9	
项目	单位	单价		水泥彩瓦					
				铺瓦		脊瓦		封山瓦	
				10 m²		10 m			
				数量	合计	数量	合计	数量	合计
综合单价		元		368.70		298.36		679.93	
其中	人工费	元		61.50		49.20		69.70	
	材料费	元		283.77		227.77		581.75	
	机械费	元		0.49		2.33		1.96	
	管理费	元		15.50		12.88		17.92	
	利润	元		7.44		6.18		8.60	
二类工		工日	82.00	0.75	61.50	0.60	49.20	0.85	69.70

	定额编号				10-7		10-8		10-9	
材料	04170302	水泥彩瓦 420×332	百块	275.00	1.00	275.00				
	04170413	水泥脊瓦 432×228	百块	535.00			0.30	160.50		
	28115503	封山瓦	块	17.00					30.78	523.26
	80010124	水泥砂浆 1：2.5	m³	265.07	0.018	4.77	0.097	25.71	0.081	21.47
	28115509	圆脊封 T-D	块	18.00			0.24	4.32		
	28115508	檐口封	块	20.00					1.56	31.20
	03652403	合金钢切割锯片	片	80.00	0.05	4.00				
	28111309	双向圆脊 L-D	块	60.00			0.24	14.40		
	28111311	三向圆脊 M-D	块	50.00			0.24	12.00		
	11430317	氧化铁红	kg	6.50			0.19	1.24	0.06	0.39
	28115510	圆脊斜封 S-D	块	20.00			0.48	9.60		
	03510701	钢钉	kg	4.20					0.17	0.71
	05030600	普通木成材	m³	1 600.00					0.001	1.60
	03633315	合金钢钻头——字形	根	8.00					0.39	3.12
机械	99050503	灰浆搅拌机 拌筒容量 200 L	台班	122.64	0.004	0.49	0.019	2.33	0.016	1.96

表 2-5-8　卷材屋面

工作内容：1. 清理基层、涂刷基层处理剂。

2. 铺贴卷材及附加层。

3. 封口、收头、钉压条。

计量单位：10 m²

定额编号			10-30		10-31		10-32		10-33	
项目	单位	单价	SBS 改性沥青防水卷材							
			冷粘法				热熔满铺法			
			单层		双层		单层		双层	
			数量	合计	数量	合计	数量	合计	数量	合计
综合单价	元		522.31		933.50		434.60		743.45	
其中	人工费	元	49.20		68.88		59.86		79.54	
	材料费	元	454.91		839.13		352.59		634.48	
	机械费	元	—		—		—		—	
	管理费	元	12.30		17.22		14.97		19.89	
	利润	元	5.90		8.27		7.18		9.54	
二类工	工日	82.00	0.60	49.20	0.84	68.88	0.73	59.86	0.97	79.54

材料	定额编号		单位	单价	10-30		10-31		10-32		10-33	
	11570552	SBS 聚酯胎乙烯膜卷材 δ=3 mm	m²	25	12.50	312.50	23.50	587.50	12.50	312.50	23.50	587.50
	12410142	改性沥青粘结剂	kg	7.90	13.40	105.86	26.80	211.72				
	12330505	APP 及 SBS 基层处理剂	kg	8.00	3.55	28.40	3.55	28.40	3.55	28.40	3.55	28.40
	11592505	SBS 封口油膏	kg	7.00	0.62	4.34	1.10	7.70	0.62	4.34	1.10	7.70
	10031503	钢压条	kg	5.00	0.52	2.60	0.52	2.60	0.52	2.60	0.52	2.60
	03510201	钢钉	kg	7.00	0.03	0.21	0.03	0.21	0.03	0.21	0.03	0.21
	12370331	石油液化气	kg	6.80					0.52	3.54	1.04	7.07
	11570552	其他材料费	元			1.00		1.00		1.00		1.00

表 2-5-9　卷材屋面

工作内容：1. 清理基层、涂刷基层处理剂。
　　　　　2. 铺贴卷材及附加层。
　　　　　3. 封口、收头、钉压条。

计量单位：10 m²

项目	单位	单价	APP 改性沥青防水卷材							
			冷粘法				热熔满铺法			
			单层		双层		单层		双层	
定额编号			10-38		10-39		10-40		10-41	
			数量	合计	数量	合计	数量	合计	数量	合计
综合单价	元			535.31		957.88		431.59		751.93
其中 人工费	元			49.20		68.88		49.20		68.88
其中 材料费	元			467.91		863.51		364.19		657.56
其中 机械费	元			—		—		—		—
其中 管理费	元			12.30		17.22		12.30		17.22
其中 利润	元			5.90		8.27		5.90		8.27
二类工	工日	82.00	0.60	49.20	0.84	68.88	0.60	49.20	0.84	68.88
材料 11570351 APP 聚酯胎乙烯膜卷材 δ=3 mm	m²	26.00	12.50	325.00	23.50	611.00	12.50	325.00	23.50	611.00
12410142 改性沥青胶粘剂	kg	7.90	13.40	105.86	26.80	211.72				
12330505 APP 及 SBS 基层处理剂	kg	8.00	3.55	28.40	3.55	28.40	3.55	28.40	3.55	28.40
11592504 APP 封口油膏	kg	7.80	0.62	4.84	1.10	8.58	0.62	4.84	1.10	8.58
10031503 钢压条	kg	5.00	0.52	2.60	0.52	2.60	0.24	1.20	0.26	1.30
03510201 钢钉	kg	7.00	0.03	0.21	0.03	0.21	0.03	0.21	0.03	0.21
12370331 石油液化气	kg	6.80					0.52	3.54	1.04	7.07
11570552 其他材料费	元			1.00		1.00		1.00		1.00

表 2-5-10　屋面找平层

工作内容：1. 拌和混凝土、浇捣、分格、分隔缝内嵌油膏。
2. 调制砂浆、运输、抹灰、分格：分隔缝内嵌油膏。　　　　　　　　计量单位：10 m²

定额编号				10-71		10-72		10-73	
项目		单位	单价	非泵送预拌细石混凝土		水泥砂浆			
						有分格缝			
				40 mm 厚		20 mm 厚		每增（减）5 mm	
				数量	合计	数量	合计	数量	合计
综合单价		元		265.11		166.19		33.69	
其中	人工费	元		67.24		65.60		11.48	
	材料费	元		172.17		69.59		16.27	
	机械费	元		0.60		4.91		1.23	
	管理费	元		16.96		17.63		3.18	
	利润	元		8.14		8.46		1.53	
二类工		工日	82.00	0.82	67.24	0.80	65.60	0.14	11.48
材料	80212115	预拌混凝土（非泵送）C20	m³	333.00	0.406	135.20			
	80010125	水泥砂浆 1：3	m³	239.65			0.202	48.41	0.051	12.22
	11592705	APP 高强度嵌缝膏	kg	8.80	3.69	32.47	2.36	20.77	0.46	4.05
	32090101	周转木材	m³	1 850.00	0.001	1.85	0.00			
	03510701	钢钉	kg	4.20	0.05	0.21	0.03	0.13		
	31150101	水	m³	4.70	0.519	2.44	0.06	0.28		
机械	99050503	灰浆搅拌机拌筒容量 200L	台班	122.64			0.04	4.91	0.01	1.23
	99052108	混凝土振动器 平板式	台班	14.93	0.04	0.06			

表 2-5-11　刚性防水屋面

工作内容：撒细砂、干铺油毡一层、拌和混凝土、浇捣、分格、分隔缝内嵌油膏。　　计量单位：10 m²

定额编号			10-77		10-78		10-79	
项目	单位	单价	细石混凝土					
			有分格缝		无分格缝		每增（减）	
			40 mm 厚				5 mm	
			数量	合计	数量	合计	数量	合计
综合单价	元		417.07		349.39		28.51	
其中	人工费	元		165.64		142.68		10.66	
	材料费	元		183.94		147.71		13.17	
	机械费	元		4.53		4.53		0.54	
	管理费	元		42.54		36.80		2.80	
	利润	元		20.42		17.67		1.34	
二类工	工日	82.00	2.02	165.64	1.74	142.68	0.13	10.66

· 140 ·

	定额编号			10—77		10—78		10—79	
材料	80210105	现浇混凝土 C20	m³	258.23	0.404	104.32	0.404	104.32	0.051	13.17
	11573505	石油沥青油毡 350 号	m³	3.90	10.50	40.95	10.50	40.95		
	11592705	APP 高强度嵌缝膏	kg	8.80	3.69	32.47				
	31150101	水	m³	4.70	0.52	2.44	0.52	2.44		
	32090101	周转木材	m³	1 850.00	0.001	1.85				
	04030105	细砂	t	54.80	0.031	1.70				
	03510701	钢钉	kg	4.20	0.05	0.21				
机械	99050503	滚筒式混凝土搅拌机（电动）出料容量 400 L	台班	156.81	0.025	3.92	0.025	3.92	0.003	0.47
	99052108	混凝土振动器平板式	台班	14.93	0.041	0.61	0.041	0.61	0.005	0.07

表 2-5-12　涂刷油类

工作内容：清理基层、调制、涂刷冷底子油。　　　　　　　　　　　　　　　　　　　计量单位：10 m²

定额编号				10—99		10—100	
项目		单位	单价	刷冷底子油			
				第一遍		第二遍	
				数量	合计	数量	合计
综合单价			元	65.49		48.45	
其中	人工费		元	12.30		11.48	
	材料费		元	48.63		32.72	
	机械费		元	—		—	
	管理费		元	3.08		2.87	
	利润		元	1.48		1.38	
	二类工		工日	82.00	0.15	12.30	0.14	11.48
材料	11592509	冷底子油 30：70	100 kg	992.53	0.048	47.64		
	11592511	冷底子油 50：50	100 kg	873.95			0.036	31.46
	05250501	木柴	kg	1.10	0.30	0.33	0.38	0.42
	31150701	煤	kg	1.10	0.30	0.66	0.76	0.84

表 2-5-13　涂刷油类

工作内容：1．清理基层、调制、涂刷防水层。

　　　　　　2．在防水薄弱处做涂布附加层，贴布防水层。　　　　　　　　　计量单位：10 m²

定额编号			10—116		10—117	
项目	单位	单价	刷聚氨酯防水涂料			
			（平面）二涂 2.0 mm		（立面）二涂 2.0 mm	
			数量	合计	数量	合计
综合单价	元		719.06		808.09	

续表

	定额编号			10-116		10-117	
其中	人工费		元	57.40		90.20	
	材料费		元	640.42		684.52	
	机械费		元	—		—	
	管理费		元	14.35		22.55	
	利润		元	6.89		10.82	
	二类工	工日	82.00	0.70	57.40	1.10	90.20
材料	11030734	聚氨酯甲料	kg	18.00	13.74	247.32	14.70	264.60
	11030735	聚氨酯乙料	kg	18.00	21.29	383.22	22.78	410.04
	02310101	无纺布	m²	0.90	2.45	2.21	2.45	2.21
	12310303	二甲苯	kg	5.90	1.30	7.67	1.30	7.67

■ 三、任务实施

任务一

1. 识读图纸

从平面图中看出，该屋面为两坡屋面，坡度为 1 : 2.5。瓦屋面水平长、宽分别为 17.8 m、6.8 m。

本案例中需计算瓦屋面及屋面卷材防水两个项目，屋面卷材伸至屋檐下墙边，如图 2-5-1（b）所示。

本案例计算完全参照清单工程量定义，以卷材中心轴线为基准进行计算。

2. 信息收集

（1）屋面坡度的表示方法（图 2-5-6）：

①用坡屋顶的高度与屋顶的跨度之比（简称高跨比）表示：H/L。

②用屋顶的高度与屋顶的半跨之比（简称坡度）表示：$i = H/（L/2）$。

③用屋面的斜面与水平面的夹角（θ）表示。

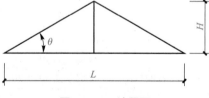

图 2-5-6 坡屋面

（2）瓦的有效长度是实际铺贴在屋面可以利用的长度，扣减搭接长度后的有效尺寸，本例题中，瓦长度、宽度方向的搭接分别按 55 mm、28 mm 计算。

3. 工程量计算（本案例计价工程量同清单工程量）

屋面水平投影面积＝ 17.8<长>×6.8<宽> = 121.04（m²）

瓦屋面：121.04×1.077<延尺系数 C，详见表 2-5-5> = 130.36（m²）

屋脊线：6.8 m。

屋面防水卷材：

屋面上表面面积：[17.8-（0.01<瓦片厚度> + 0.02<粘结砂浆厚度> + 0.0015<SBS卷材厚度的一半>）×2] × [6.8-0.01×2] ×1.077<延尺系数 C> = 129.517（m²）。

内翻边：保温防水层做法总厚度＝0.01＋0.02＋0.003＋0.02＋0.08＋0.02＝0.153（m）。

[17.8-（0.153＋0.2<板厚>＋0.02＋0.08＋0.02＋0.001 5）×2]×1.077×（0.4-0.2）<内翻边高度>×2<数量>＋[6.8-（0.01＋0.2＋0.02＋0.08＋0.02＋0.001 5）×2]×0.2×2＝9.714（m²）。

外翻边：[6.8-（0.01＋0.02＋0.001 5）×2]×[0.4＋（0.02＋0.08＋0.02＋0.001 5）]<高>×2<数量>＝7.027（m²）。

合计：129.517＋9.714＋7.027＝146.258（m²）。

平面砂浆找平层（不计算翻边）：

[17.8-（0.153<总厚度>＋0.2<板度>）×2]×[6.8-（0.01＋0.2）×2]×1.077×2<遍数>＝234.915（m²）。

4．清单编制

清单编制见表 2-5-14。

表 2-5-14　清单编制

序号	项目编码	项目名称	项目特征	计量单位	工程量
1	010901001001	瓦屋面	1．瓦品种、规格：玻璃瓦，300×150×10 2．粘结层砂浆的配合比：20 mm 厚粘结砂浆	m²	130.36
2	01B001	屋脊线	瓦品种、规格：玻璃瓦，350×108×60	m	6.80
3	010902001001	屋面卷材防水	卷材品种、规格、厚度：3 mm SBS 改性沥青防水卷材	m²	146.26
4	011101006001	平面砂浆找平	找平层厚度、砂浆配合比：20 mm 1∶3 水泥砂浆，两道	m²	234.91

5．清单综合单价计算

清单综合单价计算见表 2-5-15 ～表 2-5-18。

表 2-5-15　瓦屋面 1 清单综合单价计算

项目编码	010901001001		项目名称		瓦屋面	计量单位	m²	工程量	130.36
清单综合单价组成明细									
定额编号	定额项目名称	定额单位	数量	单价				合价	
				人工费	材料费	机械费	管理费和利润	人工费	材料费	机械费	管理费和利润
10-7 换	水泥彩瓦铺瓦	10 m²	0.1	61.5	619.31	0.49	22.94	6.15	61.931	0.049	2.294
小计								6.15	61.93	0.05	2.29
清单项目综合单价								70.42			

费用计算过程如下（单价）：

10-7 换：

材料费：玻璃平瓦的数量：

$$每 10 m^2 = \frac{10}{(0.3-0.055) \times (0.15-0.028)} \times 1.025 = 342.92 \approx 343（块）$$

玻璃平瓦的费用：$343 \times 1.78 = 610.54$（元）

合计：$610.54 + 4.77 <查定额> + 4 <查定额> = 619.31$（元）

表 2-5-16　瓦屋面 2 清单综合单价计算

项目编码	01B001	项目名称	屋脊线	计量单位	m	工程量	6.8
清单综合单价组成明细							

定额编号	定额项目名称	定额单位	数量	单价				合价			
				人工费	材料费	机械费	管理费和利润	人工费	材料费	机械费	管理费和利润
10-8换	水泥彩瓦脊瓦	10 m	0.1	49.2	215.61	2.33	19.06	4.92	21.56	0.23	1.91
小计								4.92	21.56	0.23	1.91
清单项目综合单价								28.62			

费用计算过程如下（单价）：

10-8 换：

材料费：玻璃脊瓦的数量：

$$每 10 m = \frac{10}{0.35-0.055} \times 1.025 = 34.8 \approx 35（块）$$

玻璃平瓦的费用：$35 \times 3.25 = 113.75$（元）

合计：$298.36 <查定额> -160.5 <查定额> + 113.75 = 251.61$（元）

表 2-5-17　屋面卷材防水清单综合单价计算

项目编码	010902001001	项目名称	屋面卷材防水	计量单位	m²	工程量	146.26
清单综合单价组成明细							

定额编号	定额项目名称	定额单位	数量	单价				合价			
				人工费	材料费	机械费	管理费和利润	人工费	材料费	机械费	管理费和利润
10-32	SBS改性沥青防水卷材热熔满铺法单层	10 m²	0.1	59.86	352.59	—	22.15	5.99	35.26	—	2.22
小计								5.99	35.26	—	2.22
清单项目综合单价								43.47			

表 2-5-18　平面砂浆找平清单综合单价计算

项目编码	011101006001	项目名称	平面砂浆找平	计量单位	m²	工程量	234.91
清单综合单价组成明细							

定额编号	定额项目名称	定额单位	数量	单价				合价			
				人工费	材料费	机械费	管理费和利润	人工费	材料费	机械费	管理费和利润
10-72	水泥砂浆有分隔缝20 mm 厚	10 m²	0.1	65.6	69.59	4.91	26.09	6.56	6.96	0.49	2.61
小计								6.56	6.96	0.49	2.61
清单项目综合单价								16.62			

6．清单综合价计算

清单综合价计算见表 2-5-19。

表 2-5-19　分部分项工程量清单与计价表

项目编码	项目名称	项目特征	计量单位	工程量	金额 / 元		
					综合单价	合价	其中
							暂估价
010901001001	瓦屋面	1．瓦品种、规格：玻璃瓦，300×150×10　2．粘结层砂浆的配合比：20 mm 厚粘结砂浆	m²	130.36	70.42	9 179.95	
01B001	屋脊线	瓦品种、规格：玻璃瓦，350×108×60	m	6.80	28.62	194.62	
010902001001	屋面卷材防水	卷材品种、规格、厚度：3 mm SBS 改性沥青防水卷材	m²	146.26	43.47	6 357.92	
011101006001	平面砂浆找平	找平层厚度、砂浆配合比：20 mm 1∶3 水泥砂浆，两道	m²	234.91	16.62	3 904.20	

任务二

1．识读图纸

（1）如图 2-5-3 所示，该厕所可细分为男厕、女厕以及无障碍厕所，男厕、女厕以及无障碍厕所内墙间净尺寸分别为 1.35 m×3.45 m、1.35 m×3.45 m、2.8 m×2.05 m。

（2）男女厕所内各有一个 300 mm×300 mm 的孔洞，孔洞面积为 0.09 m²，小于 0.3 m² 时，根据清单规则，不需要扣减。

（3）厕所内卫生器具为后期装修施工，因此，防水工程量不需要考虑这些卫生器具的反边，墙体处反边高度为 150 mm。

2. 工程量计算（本案例计价工程量同清单工程量）

男厕：1.35×3.45＋［（1.35＋3.45）×2-0.9<门洞宽>］×0.15<反边高度> ＝ 5.963（m²）。

女厕：5.963 m²<同男厕>。

无障碍厕所：2.8×2.05＋［（2.8＋2.05）×2-0.9］×0.15<反边高度> ＝ 7.06（m²）。

合计：5.963＋5.963＋7.06 ＝ 18.986（m²）。

3. 清单编制

清单编制见表2-5-20。

表2-5-20 清单编制

序号	项目编码	项目名称	项目特征	计量单位	工程量
1	010904002001	地面涂膜防水	1. 防水膜品种：聚氨酯涂膜防水层 2. 涂膜厚度、遍数：1.8 mm 厚、1 遍 3. 反边高度：150 mm	m²	18.99

4. 清单综合单价计算

清单综合单价计算见表2-5-21。

表2-5-21 清单综合单价计算

项目编码	010904002001		项目名称		地面涂膜防水	计量单位		m²	工程量		18.99

清单综合单价组成明细

定额编号	定额项目名称	定额单位	数量	单价				合价			
				人工费	材料费	机械费	管理费和利润	人工费	材料费	机械费	管理费和利润
10-116 换	刷聚氨酯防水涂料（平面）二涂 2.0 mm	10 m²	0.1	57.40	577.36	—	21.24	5.74	57.74	—	2.12
小计								5.74	57.74	—	2.12
清单项目综合单价								65.6			

费用计算过程如下（单价）：

10-116 换：

材料费：

聚氨酯甲料（13.74/2）×1.8<1.8 厚聚氨酯涂料所需甲料数量>×18<定额中甲料价格> ＝ 222.588（元）。

聚氨酯乙料（21.29/2）×1.8×18 ＝ 344.898（元）。

合计：222.588＋344.898＋2.21＋7.67 ＝ 577.366（元）。

5. 清单综合价计算

清单综合价计算见表2-5-22。

表 2-5-22　清单综合价计算

项目编码	项目名称	项目特征	计量单位	工程量	综合单价	合价	暂估价
					金额/元		其中
010904002001	地面涂膜防水	1. 防水膜品种：聚氨酯涂膜防水层 2. 涂膜厚度、遍数：1.8 mm 厚、1 遍 3. 反边高度：150 mm	m²	18.99	6.56	124.57	

■ 四、任务练习

某办公楼二楼厕所平面图如图 2-5-7 所示，墙体厚度为 240 mm，厕所内隔墙厚度为 120 mm，其地面防水层做法：刷冷底子油两遍，涂刷 1.8 mm 厚聚氨酯防水卷材一遍，根据该工程背景资料计算该厕所地面防水工程量，列出清单，并计算该部分防水的综合单价及综合价［人工、材料、机械、管理费、利润均按照《江苏省建筑与装饰工程计价定额（2014）》计算］。

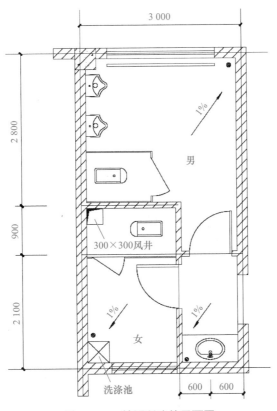

图 2-5-7　某厕所建筑平面图

模块名称	屋面及防水工程工程		
课题名称	屋面及防水工程的清单编制与综合价计算		
学生姓名		所在班级	
所学专业		完成任务时间	
指导老师		完成任务日期	

一、任务描述
详见四、任务练习

二、任务解答
1. 信息收集及做法分析

_____

_____

2. 工程量计算

计算项目	部位	计算单位	计算式	工程量

3. 清单编制

项目编码	项目名称	项目特征	计量单位	工程量

4. 清单综合单价计算

项目编码			项目名称	计量单位	工程量
清单综合单价组成明细					

定额编号	定额项目名称	定额单位	数量	单价				合价			
				人工费	材料费	机械费	管理费和利润	人工费	材料费	机械费	管理费和利润
小计											
清单项目综合单价											

定额单价计算过程：

_____

_____

_____

5. 清单综合价

分部分项工程量清单与计价表

项目编码	项目名称	项目特征	计量单位	工程量	金额 / 元		
					综合单价	合价	其中 暂估价

三、体会与总结

四、指导老师评价意见

指导老师签字：
日期：

任务六　保温、隔热工程计量与计价

知识目标

1. 熟悉保温、隔热工程常见施工工艺、构造做法，掌握相应的计量规则、计算方法；

2. 掌握保温、隔热工程计价基础知识，熟悉常用定额。

技能目标

1. 能够正确识读建筑工程图，根据设计图纸、建筑材料、设定的施工方案等列出保温、隔热部分清单，计算分项工程量；

2. 能够根据保温、隔热工程计价规范、计价定额、工程实际，正确套用定额，并能熟练进行定额换算；

3. 能够根据保温、隔热工程项目清单特征正确进行组价，计算清单项目的综合单价及综合合价。

素质目标

1. 遵守相关法律法规、标准和管理规定；

2. 具有严谨的工作作风、较强的责任心和科学的工作态度;

3. 爱岗敬业,严谨务实,团结协作,具有良好的职业操守。

一、任务描述

任务

某办公楼屋面示意如图 2-6-1 所示,计算屋面保温工程量,并采用简易计税方法计算清单综合价,其中 80 mm 黑金刚(KK)无机不燃保温板含税及价格为 480 元 /m³ [人工、材料、机械、管理费、利润均按照《江苏省建筑与装饰工程计价定额(2014)》中计算]。

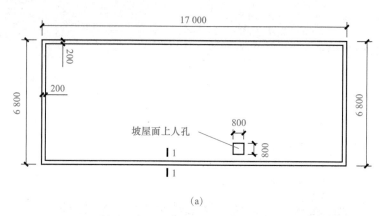

(a)

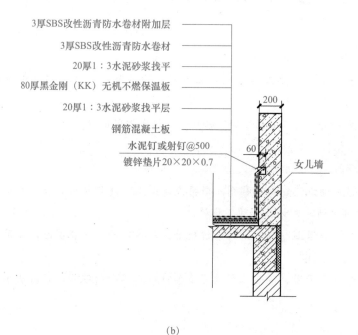

(b)

图 2-6-1 屋顶平面图

(a)平面图; (b)1-1剖面图

二、任务资讯

（一）保温、隔热工程常见分项工程工程量计算规则

《计算规范》保温、隔热工程分部节选见表 2-6-1。

表 2-6-1　保温、隔热、工程计算规则

项目编码	项目名称	项目特征	计量单位	工程量计算规则	工作内容
011001001	保温隔热屋面	1. 保温隔热材料品种、规格、厚度 2. 隔气层材料品种、厚度 3. 粘结材料种类、做法 4. 防护材料种类、做法		按设计图示尺寸以面积计算。扣除面积 >0.3 m² 孔洞及占位面积	1. 基层清理 2. 刷粘结材料 3. 铺粘保温层 4. 铺、刷（喷）防护材料
011001003	保温隔热墙面	1. 保温隔热部位 2. 保温隔热方式 3. 踢脚线、勒脚线保温做法 4. 龙骨材料品种、规格 5. 保温隔热面层材料品种、规格、性能 6. 保温隔热材料品种、规格及厚度 7. 增强网及抗裂防水砂浆种类 8. 粘结材料种类及做法 9. 防护材料种类及做法	m²	按设计图示尺寸以面积计算。扣除门窗洞口以及面积 >0.3 m² 梁、孔洞所占面积；门窗洞口侧壁以及与墙相连的柱，并入保温墙体工程量内	1. 基层清理 2. 刷界面剂 3. 安装龙骨 4. 填贴保温材料 5. 保温板安装 6. 粘贴面层 7. 铺设增强格网、抹抗裂、防水砂浆面层 8. 嵌缝 9. 铺、刷（喷）防护
011001005	保温隔热楼地面	1. 保温隔热部位 2. 保温隔热材料品种、规格、厚度 3. 隔气层材料品种、厚度 4. 粘结材料种类、做法 5. 防护材料种类、做法		按设计图示尺寸以面积计算。扣除面积 >0.3 m² 柱、垛、孔洞等所占面积。门洞、空圈、暖气包槽、壁龛的开口部分不增加面积	1. 基层清理 2. 刷粘结材料 3. 铺粘保温层 4. 铺、刷（喷）防护材料

注：1. 保温隔热装饰面层，按《计算规范》附录 L、M、N、P、Q 中相关项目编码列项；仅做找平层按《计算规范》附录 L 楼地面装饰工程"平面砂浆找平层"或附录 M 墙、柱面装饰与隔断、幕墙工程"立面砂浆找平层"项目编码列项。

2. 保温隔热方式：指内保温、外保温、夹心保温。

保温、隔热工程量计算规范清单项目更多内容可通过手机微信、QQ 扫描二维码 2-6-1 获取。

二维码 2-6-1

（二）《江苏省建筑与装饰工程计价定额（2014）》中屋面及防水工程计价定额说明及相关规定

（1）定额说明。

①凡保温、隔热工程用于地面时，增加电动夯实机 0.04 台班 /m³。

②块料面层以平面砌为准，立面砌时按平面砌的相应子目人工乘以系数 1.38，踢脚板人工乘以系数 1.56，块料乘以系数 1.01，其他不变。

③保温隔热层按隔热材料净厚度（不包括胶结材料厚度）乘以设计图示面积按体积计算。

④地墙隔热层，按围护结构墙体内净面积计算，不扣除 0.3 m² 以内孔洞所占的面积。

⑤软木、聚苯乙烯泡沫板铺贴平顶以图示长乘宽乘厚的体积计算。

⑥外墙聚苯乙烯挤塑板外保温、外墙聚苯颗粒保温砂浆、屋面架空隔热板、保温隔热砖、瓦、天棚保温（沥青贴软木除外）层，按设计图示尺寸以面积计算。

⑦墙体隔热：外墙按隔热层中心线，内墙按隔热层净长乘图示尺寸的高度（如图纸无注明高度时，则下部由地坪隔热层起算，带阁楼时算至阁楼板顶止；无阁楼时则算至檐口）及厚度以体积计算，应扣除冷藏门洞口和管道穿墙洞口所占的体积。

屋面及防水工程定额工程量计价说明及计价工程量计算规则更多内容可通过手机微信、QQ 扫描二维码 2-6-2 获取。

（2）《江苏省建筑与装饰工程计价定额（2014）》中保温、隔热部分有屋、楼地面，墙、柱、天棚及其他相关定额。

保温、隔热工程常用定额子目见表 2-6-2。

二维码 2-6-2

表 2-6-2　常用保温、隔热工程定额子目

分项工程	定额编号	定额名称
保温、隔热工程	11-5	屋面、楼地面保温隔热 加气混凝土块
	11-7	JQK 复合轻质保温隔热砖 XPS 挤塑聚苯乙烯泡沫板，燃烧性能 B1 级 保温层厚 70 mm 以内 水泥砂浆
	11-8	JQK 复合轻质保温隔热砖 XPS 挤塑聚苯乙烯泡沫板，燃烧性能 B1 级 保温层厚 70 mm 以内 聚合物粘结砂浆
	11-15	屋面、楼地面保温隔热 聚苯乙烯挤塑板（厚 25 mm）
	11-17	屋面、楼地面保温隔热 沥青铺加气混凝土块
	11-36	墙体保温隔热 聚苯乙烯泡沫板 带木框架独立墙体
	11-37	墙体保温隔热 聚苯乙烯泡沫板 附墙铺贴
	11-38	外墙外保温 聚苯乙烯挤塑板 厚度 25 mm 砖墙面
	11-39	外墙外保温 聚苯乙烯挤塑板 厚度 25 mm 混凝土墙面
	11-40	外墙外保温 聚苯乙烯挤塑板 厚度每增 5 mm
	11-42	墙体保温隔热 砌加气混凝土块 独立墙体
	11-43	墙体保温隔热 砌加气混凝土块 附墙铺贴
	11-50	外墙聚苯颗粒保温砂浆（厚 25 mm）砖墙面、混凝土及砌块墙面
	11-51	外墙聚苯颗粒保温砂浆（厚 25 mm）每增减 5 mm

（3）《江苏省建筑与装饰工程计价定额（2014）》中楼地面部分计价定额节选见表2-6-3～表2-6-5。

表2-6-3 屋、楼地面

工作内容：1．清理基层。
　　　　　2．熬制沥青。
　　　　　3．铺贴保温材料

定额编号			11-15		11-16		11-17	
项目	单位	单价	屋面、楼地面保温隔热					
			聚苯乙烯挤塑板（厚25 mm）		沥青贴软木		沥青铺加气混凝土块	
			10 m²		m³			
			数量	合计	数量	合计	数量	合计
综合单价	元		292.67		2 674.62		826.06	
其中	人工费	元	65.60		308.32		142.68	
	材料费	元	202.80		2 252.22		630.59	
	机械费	元	—		—		—	
	管理费	元	16.40		77.08		35.67	
	利润	元	7.87		37.00		17.12	
二类工	工日	82.00	0.80	65.60	3.76	308.32	1.74	142.68
材料	02110301	XPS 聚苯乙烯挤塑板	m³	780.00	0.26	202.80					
	05250100	软木	m³	1 500.00			1.05	1 575.00		
	04150151	蒸压砂加气混凝土砌块 600×240×150	m³	258.00					1.07	276.06
	11550105	石油沥青 30 号	kg	5.50			116.71	641.91	61.10	336.05
	05250501	木柴	kg	1.10			10.70	11.77	5.60	6.16
	31150701	煤	kg	1.10			21.40	23.54	11.20	12.32

表2-6-4 墙、柱、天棚及其他

工作内容：1．基层和边角处理、刷界面剂、粘贴挤塑板、安装固定件、板面打磨找平、贴网格布、拌制及抹砂浆。
　　　　　2．基层和边角处理、刷胶、粘贴模压板、板面打磨找平、开装饰线条、贴网格布、抹胶浆二遍。

计量单位：10 m²

定额编号			11-38		11-39		11-40		11-41	
项目	单位	单价	外墙外保温—聚苯乙烯挤塑板						聚苯乙烯模压板	
			厚度 25 mm				厚度每增5 mm		厚度 30 mm	
			砖墙面		混凝土墙面					
			数量	合计	数量	合计	数量	合计	数量	合计

项目	编号	单位	单价	数量	合计	数量	合计	数量	合计	数量	合计
综合单价		元			867.68		925.44		39.25		810.00
其中 人工费		元			246.00		259.12		—		164.00
其中 材料费		元			519.41		557.78		39.25		582.58
其中 机械费		元			8.21		9.25		—		2.00
其中 管理费		元			63.55		67.09		—		41.50
其中 利润		元			30.51		32.20		—		19.92
二类工		工日	82.00	3.00	246.00	3.16	259.12			2.00	164.00
材料 XPS 聚苯乙烯挤塑板	02110301	m³	780.00	0.26	202.80	0.26	202.80	0.05	39.00		
材料 耐碱玻璃纤维网格布	08230121	m²	2.50	13.00	32.50	14.00	35.00	0.10	0.25	13.00	32.50
材料 EPS 模型聚苯板	02110401	m²	15.90							12.00	190.80
材料 专用界面剂	12330309	kg	21.60	0.80	17.28	0.80	17.28				
材料 专用胶粘剂	12410121	kg	3.20	36.00	115.20	40.00	128.00				
材料 耐碱玻璃纤维加强网格布	08230123	m²	3.50							1.50	5.25
材料 专用胶粘剂	12410122	kg	14.00							25.00	350.00
材料 聚合物砂浆	80090311	kg	1.10	36.00	39.60	40.00	44.00				
材料 水泥 32.5 级	04010611	kg	0.31							13.00	4.03
材料 塑料保温螺钉	03510911	套	1.70	60.00	102.00	70.00	119.00			13.00	32.50
材料 合金钢砖头 ϕ20	03633307	根	15.20	0.66	10.03	0.77	11.70			12.00	190.80
机械 电锤 功率 520 W	99192305	台班	8.34	0.75	6.26	0.875	7.30				
机械 其他机械费		元			1.95		1.95				2.00

表 2-6-5　墙、柱、天棚及其他

工作内容：1. 清理基层。
　　　　　2. 熬制沥青。
　　　　　3. 加气混凝土块锯割、铺砌。
　　　　　4. 铺贴保温材料。

计量单位：m³

定额编号			11-42		11-43		11-44	
项目	单位	单价	墙体保温隔热					
			砌加气混凝土砌块				沥青珍珠岩板	
			独立墙体		附墙铺贴			
			数量	合计	数量	合计	数量	合计

	定额编号			11-42		11-43		11-44	
	综合单价		元	685.90		859.76		1 487.80	
其中	人工费		元	153.34		167.28		310.78	
	材料费		元	475.82		630.59		1 062.03	
	机械费		元	—		—		—	
	管理费		元	38.34		41.82		77.70	
	利润		元	18.40		20.07		37.29	
	二类工	工日	82.00	1.87	153.34	2.04	167.28	3.79	310.78
材料	04150151	蒸压砂加气混凝土砌块 600×240×150	m³	258.00	1.07	276.06	1.07	276.06	
	13090507	沥青珍珠岩块	m³	480.00				1.07	513.60
	11550105	石油沥青 30 号	kg	5.50	34.40	189.20	61.10	336.05	94.40	519.20
	05250501	木柴	kg	1.10	3.20	3.52	5.60	6.16	8.70	9.57
	31150701	煤	kg	1.10	6.40	7.04	11.20	12.32	17.40	19.14
	05350411	竹钉 φ5×40 mm	百个	4.00				0.13	0.52

三、任务实施

任务

1．识读图纸

（1）从平面图中看出，该平屋面水平长、宽为 17 m、6.8 m，女儿墙宽度为 0.2 m。

（2）从 1-1 剖面图中看出，保温板铺设至女儿墙边缘。

（3）0.8×0.8 ＝ 0.64（m²）>0.3 m²，因此计算保温层面积时需扣除。

2．工程量计算（本案例计价工程量同清单工程量）

（17-0.2×2）×（6.8-0.2×2）-0.8×0.8 ＝ 105.60（m²）

3．清单编制

清单编制见表 2-6-6。

表 2-6-6　清单编制

项目编码	项目名称	项目特征	计量单位	工程量
011001001001	保温隔热屋面	1．保温隔热材料品种、规格、厚度：80 mm 厚黑金刚（KK）无机不燃保温板 2．粘结材料种类、做法：20 mm 厚 1：3 水泥砂浆	m²	105.60

4．清单综合单价计算

清单综合单价计算见表 2-6-7。

表 2-6-7 清单综合单价

项目编码	011001001001		项目名称	保温隔热屋面	计量单位	m²	工程量	105.60
清单综合单价组成明细								

定额编号	定额项目名称	定额单位	数量	单价				合价			
				人工费	材料费	机械费	管理费和利润	人工费	材料费	机械费	管理费和利润
11-15换	屋面、楼地面保温隔热 聚苯乙烯挤塑板（厚25 mm）换	10 m²	0.1	65.60	399.36	—	27.27	6.56	39.94	—	2.73
小计								6.56	39.94	—	2.73
清单项目综合单价								49.23			

费用计算过程如下（单价）：

11-15 换：

材料费：

25 mm 厚 XPS 聚苯乙烯挤塑板换成 80 mm 厚黑金刚（KK）无机不燃保温板：

480<单价>×0.8×[1＋（0.26-0.25）/0.25)<损耗率>]<数量，含材料损耗>＝399.36（元）

5. 清单综合价计算

清单综合价计算见表2-6-8。

表 2-6-8 清单综合价计算

项目编码	项目名称	项目特征	计量单位	工程量	金额/元		其中
					综合单价	合价	暂估价
011001001001	保温隔热屋面	1. 保温隔热材料品种、规格、厚度：80 mm 厚黑金刚（KK）无机不燃保温板 2. 粘结材料种类、做法：20 mm 厚 1：3 水泥砂浆	m²	105.60	49.23	5198.69	

■ 四、任务练习

某房间平面示意如图 2-6-2 所示，层高为 2.9 m，墙体厚度为 200 mm，窗户尺寸为 3 200 mm×1 800 mm，墙体构造详图如图 2-6-3 所示，根据该工程背景资料计算①号墙体外墙保温工程量，列出清单，并计算其综合单价及综合价［人工、材料、机械、管理费、利润均按照《江苏省建筑与装饰工程计价定额（2014）》计算］。

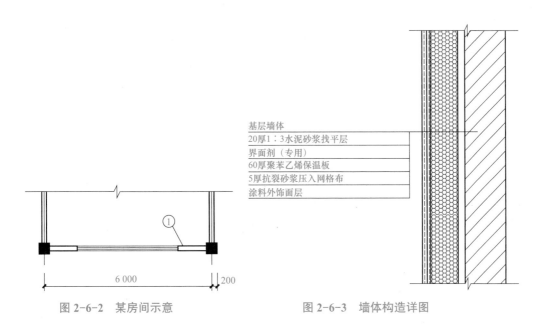

图 2-6-2　某房间示意

图 2-6-3　墙体构造详图

基层墙体
20厚1∶3水泥砂浆找平层
界面剂（专用）
60厚聚苯乙烯保温板
5厚抗裂砂浆压入网格布
涂料外饰面层

6 000　　200

学生工作页

模块名称	保温、隔热工程		
课题名称	保温、隔热工程清单编制与综合价计算		
学生姓名		所在班级	
所学专业		完成任务时间	
指导老师		完成任务日期	

一、任务描述
详见四、任务练习

二、任务解答
1. 信息收集及做法分析

_____

_____

_____

2. 工程量计算

计算项目	部位	计算单位	计算式	工程量

3. 清单编制

项目编码	项目名称	项目特征	计量单位	工程量

4. 清单综合单价计算

项目编码		项目名称	计量单位	工程量	

清单综合单价组成明细									
定额编号	定额项目名称	定额单位	数量	单价				合价			
				人工费	材料费	机械费	管理费和利润	人工费	材料费	机械费	管理费和利润
小计											
清单项目综合单价											

定额单价计算过程:

_____

_____

_____

5. 清单综合价

分部分项工程量清单与计价表

项目编码	项目名称	项目特征	计量单位	工程量	金额 / 元		
					综合单价	合价	其中
							暂估价

三、体会与总结

四、指导老师评价意见

指导老师签字:

日期:

任务七　单价措施项目计量与计价

知识目标

1．了解措施项目费的构成，区分单价措施项目与总价措施项目；

2．熟悉措施项目的相关规定，掌握措施项目计量规则和计算方法。

技能目标

1．能够根据檐高、层高等列出脚手架工程相关清单，计算分项清单工程量；

2．能够根据设计图纸、设定的施工方案等列出模板分部相关清单，计算分项清单工程量；

3．能够根据工程计价规范、计价定额、工程实践，正确套用定额，并能够熟练进行定额换算；

4．能够根据工程清单特征正确进行组价，计算清单项目的综合单价及综合价。

素质目标

1．遵守相关法律法规、标准和管理规定；

2．具有严谨的工作作风、较强的责任心和科学的工作态度；

3．爱岗敬业，严谨务实，团结协作，具有良好的职业操守。

一、任务描述

任务一

某六层现浇框架结构房屋，柱下独立基础，基础埋深为 1.40 m，框架轴线平面尺寸为 18 m×8 m，平面外包尺寸为 18.24 m×8.24 m，计算图 2-7-1 所示的房屋脚手架工程工程量、综合单价和合价。

任务二

图 2-7-2 所示为某工程框架结构建筑物某层现浇混凝土及钢筋混凝土柱梁板结构图，层高为 4.0 m，其中板厚为 120 mm，梁顶标高为＋7.00 m，柱的区域部分为（＋3.0～＋7.00 m）。模板单列，不计入混凝土实体项目综合单价，采用复合木模板，根据工程工程量计算规范，计算该层现浇混凝土模板工程的工程量（材料价格按除税单价计算，管理费和利润按 26%、12% 计取）。

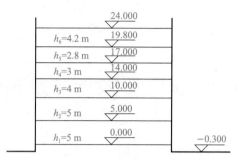

图 2-7-1 楼层分层示意

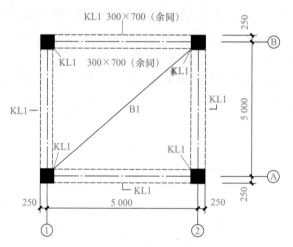

图 2-7-2 某工程现浇混凝土柱梁板结构示意

■ 二、任务资讯

（一）措施项目常见分项工程工程量计算规则

《计算规范》措施项目分部节选见表 2-7-1 和表 2-7-2。

表 2-7-1 脚手架工程清单工程量计算规则

项目编码	项目名称	项目特征	计量单位	工程量计算规则	工作内容
011702001	综合脚手架	1. 建筑结构形式 2. 檐口高度	m²	按建筑面积计算	1. 场内、场外材料搬运 2. 搭、拆脚手架、斜道、上料平台 3. 安全网的铺设 4. 选择附墙点与主体连接 5. 测试电动装置、安全锁等 6. 拆除脚手架后材料的堆放

项目编码	项目名称	项目特征	计量单位	工程量计算规则	工作内容
011702002	外脚手架	1. 搭设方式 2. 搭设高度 3. 脚手架材质	m²	按所服务对象的垂直投影面积计算	1. 场内、场外材料搬运 2. 搭、拆脚手架、斜道、上料平台 3. 安全网的铺设 4. 拆除脚手架后材料的堆放
011702003	里脚手架				
011702004	悬空脚手架	1. 搭设方式 2. 悬挑宽度 3. 脚手架材质		按搭设的水平投影面积计算	
011702005	挑脚手架		m	按搭设长度乘以搭设层数以延长米计算	
011702006	满堂脚手架	1. 搭设方式 2. 搭设高度 3. 脚手架材质	m²	按搭设的水平投影面积计算	
011702007	整体提升架	1. 搭设方式及启动装置 2. 搭设高度	m²	按所服务对象的垂直投影面积计算	1. 场内、场外材料搬运 2. 选择附墙点与主体连接 3. 搭、拆脚手架、斜道、上料平台 4. 安全网的铺设 5. 测试电动装置、安全锁等 6. 拆除脚手架后材料的堆放
011702008	外装饰吊篮	1. 升降方式及启动装置 2. 搭设高度及吊篮型号	m²	按所服务对象的垂直投影面积计算	1. 场内、场外材料搬运 2. 吊篮的安装 3. 测试电动装置、安全锁、平衡控制器等 4. 吊篮的拆卸

注：1. 使用综合脚手架时，不再使用外脚手架、里脚手架等单项脚手架；综合脚手架适用能够按"建筑面积计算规则"计算建筑面积的建筑工程脚手架，不适用房屋加层、构筑物及附属工程脚手架。

2. 同一建筑物有不同檐高时，按建筑物竖向切面分别按不同檐高编列清单项目。

3. 整体提升架已包括 2 m 高的防护架体设施。

4. 建筑面积计算按《建筑工程建筑面积计算规范》（GB/T 50353—2013）。

5. 脚手架材质可以不描述，但应注明由投标人根据工程实际情况按照《建筑施工扣件式钢管脚手架安全技术规范》（JGJ 130—2011）、《建筑施工附着升降脚手架管理暂行规定》等规范自行确定。

表 2-7-2　模板工程清单工程量计算规则

项目编码	项目名称	项目特征	计量单位	工程量计算规则	工作内容
011702001	基础	基础类型	m²	按模板与现浇混凝土构件的接触面积计算。 ①现浇钢筋混凝土墙、板单孔面积 ≤ 0.3 m² 的孔洞不予扣除，洞侧壁模板也不增加；单孔面积 > 0.3 m² 时应予扣除，洞侧壁模板面积并入墙、板工程量内计算。 ②现浇框架分别按梁、板、柱有关规定计算；附墙柱、暗梁、暗柱并入墙内工程量内计算。 ③柱、梁、墙、板相互连接的重叠部分，均不计算模板面积。 ④构造柱按图示外露部分计算模板面积	1. 模板制作 2. 模板安装、拆除、整理堆放及场内外运输 3. 清理模板粘结物及模内杂物、刷隔离剂等
011702002	矩形柱	基础类型			
011702003	构造柱				
011702006	矩形梁	支撑高度			
011702008	圈梁				
011702011	直形墙				
011702012	弧形墙				
011702013	短肢剪力墙、电梯井壁	支撑高度			
011702014	有梁板				
011702015	无梁板				
011702016	平板				

注：1. 原槽浇灌的混凝土基础，不计算模板。

2. 此混凝土模板及支撑（架）项目，只适用以平方米计量，按模板与混凝土构件的接触面积计算。以"立方米"计量的模板及支撑（支架），按混凝土及钢筋混凝土实体项目执行，综合单价中应包含模板及（支架）。

3. 采用清水模板时，应在特征中注明。

模板计算规范清单项目更多内容可通过手机微信、QQ 扫描二维码 2-7-1 获取。

（二）《江苏省建筑与装饰工程计价定额（2014）》中脚手架工程计价定额说明及相关规定

二维码 2-7-1

1. 脚手架工程有关规定

单项脚手架适用于单独地下室、装配式和多（单）层工业厂房、仓库、独立的展览馆、体育馆、影剧院、礼堂、饭堂（包括附属厨房）、锅炉房、高未超过 3.60 m 的单层建筑、超过 3.60 m 高的屋顶构架、构筑物和单独装饰工程等。由于这些工程的单位建筑面积脚手架含量个体差异大，不适宜以综合脚手架形式表现，因此，采用单项脚手架。除此之外的单位工程均执行综合脚手架项目。

综合脚手架工程规定如下：

（1）檐高在 3.60 m 内的当层建筑不执行综合脚手架定额。

（2）综合脚手架项目仅包括脚手架本身的搭拆，不包括建筑物洞口临边、电器防护设施等费用，以上费用已在安全文明施工措施费中列支。

（3）单位工程在执行综合脚手架时，遇有下列情况应另列项目计算，以下项目不再计算单项手架超过 20 m 材料增加费。

①各种基础自设计室外地面起深度超过 1.50 m（砖基础至大放脚砖基底面、钢筋混凝土基础至垫层上表面），同时，混凝土带形基础底宽超过 3 m、满堂基础或独立柱基（包括设备基础）混凝土底面面积超过 16 m² 应计算砌墙、混凝土浇捣脚手架。砖基础以垂直面积按单项脚手架中里架子、混凝土浇捣按相应满堂脚手架定额执行。

②层高超过 3.60 m 的钢筋混凝土框架柱、梁、墙混凝土浇捣脚手架按单项定额规定计算。

③独立柱、单梁、墙高度超过 3.60 m 时，混凝土浇脚手架按单项定额规定计算。

④层高在 2.2 m 以内的技术层外墙脚手架按相应单项定额规定执行。

⑤施工现场需搭设高压线防护架、金属过道防护棚脚手架按单项定额规定执行。

⑥屋面坡度大于 45° 时，屋面基层、盖瓦的脚手架费用应另行计算。

⑦未计算到建筑面积的室外柱、梁等，其高度超过 3.60 m 时，应另按单项脚手架相应定额计算。

⑧地下室的综合脚手架按檐高在 12 m 以内的综合脚手架相应定额乘以系数 0.5 执行。

⑨檐高 20 m 以下采用悬挑脚手架的可计取悬挑脚手架增加费用，20 m 以上悬挑脚手架增加费已包括在脚手架超高材料增加费中。

脚手架工程定额工程量计价说明及计价工程量计算规则更多内容可通过手机微信、QQ 扫描二维码 2-7-2 获取。

二维码 2-7-2

2．定额子目

《江苏省建筑与装饰工程计价定额（2014）》中脚手架工程的定额分为两大子分部，分别是脚手架和建筑物檐高超 20 m 脚手架材料增加费。

脚手架工程常用定额子目见表 2-7-3。

表 2-7-3　常用脚手架工程定额子目

子分部	定额编号	定额名称
檐高在 12 m 以内	20-1	层高在 3.6 m 内
	20-2	层高在 5 m 内
	20-3	层高在 8 m 内
	20-4	层高在 8 m 上每增高 1 m
砌墙脚手架	20-9	里架子 高 3.60 m 以内
	20-10	外架子 单排 高 12 m 以内
	20-11	外架子 双排 高 12 m 以内
满堂脚手架	20-20	基干层 高 5 m 以内
	20-21	基干层 高 8 m 以内
	20-22	增加层 高 8 m 以上每增加内 2 m

3．计价定额

《江苏省建筑与装饰工程计价定额（2014）》脚手架工程计价定额节选见表 2-7-4 ～表 2-7-6。

表 2-7-4　综合脚手架相关计价定额

工作内容：1．搭、拆脚手架、上料平台、安全笆、护身栏杆和铺、翻、拆脚手板。
　　　　　2．拆除后材料场内堆放和材料场内、外运输。

计量单位：每 1 m² 建筑面积

定额编号					20-5		20-6	
项目			单位	单价	檐高在 12 m 以内			
					层高在 3.6 m 内		层高在 5 m 内	
					数量	合计	数量	合计
综合单价			元		21.41		64.02	
其中	人工费		元		7.38		26.24	
	材料费		元		9.43		23.10	
	机械费		元		1.36		3.63	
	管理费		元		2.19		7.47	
	利润		元		1.05		3.58	
	二类工		工日	82.00	0.09	7.38	0.32	26.24
材料	32090101	周转材料	m³	1 850.00	0.001	1.85	0.002	3.70
	32030105	工具式金属脚手	kg	4.76	0.10	0.48		
	32030303	脚手架钢管	kg	4.29	0.76	3.26	1.97	8.45
	32030504	底座	个	4.80	0.002	0.01	0.06	0.03
	32030513	脚手架扣件	个	5.70	0.13	0.74	0.32	1.82
	03570216	镀锌钢丝 8 号	kg	4.90	0.14	0.69	0.49	2.40
		其他材料费	元			2.40		6.70
机械	99070906	载货汽车 装载质量 4 t	台班	453.50	0.003	1.36	0.008	3.63

表 2-7-5　满堂脚手架相关计价定额

工作内容：1．搭、拆脚手架、上料平台、安全笆、护身栏杆和铺、翻、拆脚手板。
　　　　　2．拆除后材料场内堆放和材料场内、外运输。

计量单位：10 m²

定额编号			20-20	
项目	单位	单价	满堂脚手架	
			基本层	
			高 5 m 以内	
			数量	合计
综合单价		元	156.85	

定额编号			20-20	
其中	人工费	元	82.00	
	材料费	元	29.60	
	机械费	元	10.88	
	管理费	元	23.22	
	利润	元	11.15	
二类工		工日	82.00	1.00	82.00
材料	32030303	脚手架钢管	kg	4.29	1.41	6.05
	32030504	底座	个	4.80	0.01	0.05
	32030513	脚手架扣件	个	5.70	0.20	1.14
	32090101	周转木材	m³	1 850.00	0.005	9.25
	03570216	镀锌钢丝 8 号	kg	4.90	0.26	1.27
		其他材料费	元			11.84
机械	99070906	载货汽车 装载质量 4 t	台班	453.50	0.024	10.88

注：单独用于天棚抹灰的满堂脚手架按相应定额子目乘以系数 0.7。

表 2-7-6　建筑檐高超 20 m 脚手架相关计价定额　　　　计量单位：每 1 m² 建筑面积

定额编号					20-49	
项目			单位	单价	建筑物檐高 /m	
					20 ～ 30	
					数量	合计
综合单价				元	9.05	
其中	人工费			元		
	材料费			元	9.05	
	机械费			元		
	管理费			元		
	利润			元		
材料	32030303	脚手架钢管		kg	4.29	0.69	2.96
	32030504	底座		个	4.80	0.002	0.01
	32030513	脚手架扣件		个	6.70	0.12	0.68
		其他材料费		元			5.40

注：层高超过 3.6 m 时，每增高 1 m（不足 0.1 m 按 0.1 m 计算）按定额的 20% 计算，高度不同时按比例调整。

（三）《江苏省建筑与装饰工程计价定额（2014）》中模板工程计价定额说明及相关规定

1. 模板工程有关规定

模块工程分为现浇构件模板、现场预制构件模板、加工厂预制构件模板和构筑物工程模板四个部分，使用时应分别套用。为便于施工企业快速报价，在附录中列出了混凝土构件的模板含量表，供使用单位参考，按设计图纸计算模板接触面积或使用混凝土含模量折算模板面积，两种方法仅能使用其中一种，相互不得混用。使用含模量者，竣工结算时模板面积不得调整。构筑物工程中的滑升模板按混凝土体积以立方米计算。倒锥形水塔水箱提升以"座"为单位。

（1）现浇构件模板子目按不同构件分别编制了组合钢模板配钢支撑、复合木模板配钢支撑，使用时任选一种套用。

（2）预制构件模板子目，按不同构件，分别以组合钢模板、复合木模板、木模板、定型钢模板、长线台钢拉模、加工厂预制构件配混凝土地模、现场预制构件配砖胎模、长线台配混凝土地胎模编制，使用其他模板时不予换算。

（3）模板工作内容包括清理、场内运输、安装、刷隔离剂、浇灌混凝土时模板维护、拆模、集中堆放、场外运输。木模板包括制作（预制构件包括刨光、现浇构件不包括刨光），组合钢模板、复合木模板包括装箱。

（4）现浇钢筋混凝土柱、梁、墙、板的支模高度以净高（底层无地下室者高需另加室内外高差）在 3.6 m 以内为准，净高超过 3.6 m 的构件其钢支撑、零星卡具及模板人工分别乘以表 2-7-7 中的系数。根据施工规范要求属于高大模板的，其费用另行计算。

表 2-7-7　构件净高超过 3.6 m 增加系数

增加内容	净高在	
	5 m 以内	8 m 以内
独立柱、梁、板钢支撑及零星卡具	1.10	1.30
框架柱（墙）、梁、板钢支撑及零星卡具	1.07	1.15
模板人工（不分框架和独立柱梁板）	1.30	1.60

注：轴线未形成封闭框架的柱、梁、板称独立柱、梁、板。

（5）支模高度净高。

①柱：无地下室底层是指设计室外地面至上层板底面、楼层板顶面至上层板底面；

②梁：无地下室底层是指设计室外地面至上层板底面、楼层板顶面至上层板底面；

③板：无地下室底层是指设计室外地面至上层板底面、楼层板顶面至上层板底面；

④墙：整板基础板顶面（或反梁顶面）至上层板底面、楼层板顶面至上层板底面。

（6）设计 T 形、L 形、十字形柱，其单面每边宽在 1 000 mm 内按 T 形、L 形、十字形柱相应子目执行，其余按直形墙相应定额执行。

（7）模板项目中，仅列出周转木材而无钢支撑的定额，其支撑量已含在周转木材中，模板与支撑按 7：3 拆分。

（8）模板材料已包含砂浆块与钢筋绑用的 22 号镀锌钢丝在内，现浇构件和现场预制构件不用砂浆改用塑料卡，每 10 m² 模板另加塑料卡费用每只 0.2 元，计 30 只。

（9）有梁板中的弧形梁模板按弧形梁定额执行（含模量＝肋形板含模量），弧形板部分的模板按板定额执行。砖墙基上带形混凝土防潮层模板按圈梁定额执行。

（10）混凝土满堂基础底板面积在 1 000 m² 内时，若使用含模量计算模板面积，基础有砖侧模时，砖侧模的费用应另外增加，同时扣除相应的模板面积（总量不得超过总含模量）；超过 1 000 m² 时，按混凝土接触面积计算。

（11）地下室后浇墙带的模板应按已审定的施工组织设计另行计算，但混凝土体模板含量不扣除。

（12）带形基础、设备基础、栏板、地沟如遇圆弧形，除按相应定额的复合模板执行外，其人工、复合木模板乘以系数 1.30，其他不变（其他弧形构件按相应定额执行）。

二维码 2-7-3

模板工程定额工程量计价说明及计价工程量计算规则更多内容可通过手机微信、QQ 扫描二维码 2-7-3 获取。

2. 定额子目

《江苏省建筑与装饰工程计价定额（2014）》中模板工程的定额分为四大子分部，分别是现浇构件、现场预制构件、加工厂预制构件和构筑物工程。

（1）现浇构件部分有基础、柱、梁、墙、板、其他及混凝土、砖底胎膜和砖侧模相关定额。

（2）现场预制构件部分有桩、柱、梁、屋架、天窗架及端壁、板、楼梯段及其他相关定额。

（3）加工厂预制构件部分有一般构件、预应力构件相关定额。

（4）构筑物工程部分有烟囱、水塔相关定额。

模板工程常用定额子目见表 2-7-8。

表 2-7-8　常用模板工程定额子目

子分部	定额编号	定额名称
基础	21-1	混凝土垫层（组合钢模板）
	21-2	混凝土垫层（复合木模板）
	21-5	有梁式带形基础（组合钢模板）
	21-6	有梁式带形基础（复合木模板）
	21-9	有梁式钢筋混凝土满堂基础（组合钢模板）
	21-10	有梁式钢筋混凝土满堂基础（复合木模板）
	21-11	各种柱基、桩承台（组合钢模板）
	21-12	各种柱基、桩承台（复合木模板）

子分部	定额编号	定额名称
柱	21-26	矩形柱（组合钢模板）
	21-27	矩形柱（复合木模板）
	21-31	构造柱（组合钢模板）
	21-32	构造柱（复合木模板）
梁	21-33	基础梁（组合钢模板）
	21-34	基础梁（复合木模板）
	21-35	挑梁、单梁、连续梁、框架梁（组合钢模板）
	21-36	挑梁、单梁、连续梁、框架梁（复合木模板）
墙	21-49	直形墙（组合钢模板）
	21-50	直形墙（复合木模板）
板	21-56	现浇板厚度 10 cm 内（组合钢模板）
	21-57	现浇板厚度 10 cm 内（复合木模板）
	21-58	现浇板厚度 20 cm 内（组合钢模板）
	21-59	现浇板厚度 20 cm 内（复合木模板）
	21-60	现浇板厚度 30 cm 内（组合钢模板）
	21-61	现浇板厚度 30 cm 内（复合木模板）

3．计价定额

《江苏省建筑与装饰工程计价定额（2014）》中模板工程部分计价定额节选见表 2-7-9 和表 2-7-10。

表 2-7-9　柱模板相关计价定额

工作内容：1．钢模板安装、拆除、清理、刷润滑剂、场外运输。
　　　　　2．木模板及复合模板制作、安装、拆除、刷润滑剂、场外运输。

计量单位：10 m²

定额编号				21-27	
项目		单位	单价	矩形柱 复合木模板	
				数量	合计
综合单价		元		616.33	
其中	人工费	元		285.36	
	材料费	元		202.88	
	机械费	元		16.43	
	管理费	元		75.45	
	利润	元		36.21	
二类工		工日	82.00	3.48	285.36

	32011111	组合钢模板	kg	5.00		
材料	32010502	复合木模板 18 mm	m²	38.00	2.20	83.60
	32090101	周转木材	m³	1 850.00	0.041	75.85
	32020115	卡具	kg	4.88	1.77	8.64
	32020132	钢管支撑	kg	4.19	3.57	14.96
	03510701	铁钉	kg	4.20	2.034	8.54
	03570237	镀锌钢丝 22 号	kg	5.50	0.03	0.17
		回库修理、保养费	元			1.52
		其他材料费	元			9.60
机械	99070906	卸货汽车 装载质量 4 t	台班	453.50	0.016	7.26
	99090503	汽车式起重机 提升质量 5 t	台班	531.62	0.011	5.85
	99210103	木工圆锯机 直径 500 mm	台班	27.63	0.12	3.32

注：周长大于 3.60 m 的柱类 10 m² 模板另增对穿螺栓 7.46 kg。

表 2-7-10　板相关计价定额

工作内容：1. 钢模板安装、拆除、清理、刷润滑剂、场外运输。
　　　　　2. 木模板及复合模板制作、安装、拆除、刷润滑剂、场外运输。　　　　　　计量单位：10 m³

定额编号			21-59	
项目	单位	单价	现浇板厚度 20 cm 内	
			复合木模板	
			数量	合计
综合单价	元		567.37	
其中 人工费	元		239.44	
材料费	元		208.72	
机械费	元		22.35	
管理费	元		65.45	
利润	元		31.41	
二类工	工日	82.00	2.92	239.44

定额编号					21-59	
材料	32011111	组合钢模板	kg	5.00		
	32010502	复合木模板 18 mm	m²	38.00	2.20	83.60
	32020115	卡具	m³	4.88	1.81	8.83
	32020132	钢管支撑	kg	4.19	6.94	29.08
	32090101	周转木材	kg	1 850.00	0.036	66.06
	03510701	钢钉	kg	4.20	1.93	8.11
	03570237	镀锌钢丝 22 号	kg	5.50	0.03	0.17
		回库修理、保养费	元			1.83
		其他材料费	元			10.50
机械	99070906	卸货汽车 装载质量 4 t	台班	453.50	0.023	10.43
	99090503	汽车式起重机 提升质量 5 t	台班	531.62	0.015	7.97
	99210103	木工圆锯机 直径 500 mm	台班	27.63	0.143	3.95

注：1. 坡度大于 10° 的斜板（包括肋形板）人工乘以系数 1.30，支撑乘以系数 1.50；大于 45° 另行处理。

2. 现浇无梁板遇有柱帽，每个柱帽不分大小另增 1.18 工日。

3. 阶梯教室、体育看台板（包括斜梁、板或斜梁、锯齿形板）按相应板厚子目执行，人工乘以系数 1.20，支撑及零星卡具乘以系数 1.10。

■ 三、任务实施

任务一

1. 任务分析

综合脚手架套用定额时首先考虑檐口高度，本例为檐高在 12 m 以上，其次考虑每一层的层高，根据不同的层高范围（3.60 m 以内、5 m 以内、8 m 以内、层高在 8 m 以上每增高 1 m）套用不同的定额子目。

本例计算了综合脚手架，又另外计算了单项混凝土浇捣脚手架，但不再计算单项混凝土浇捣脚手架超过 20 m 材料增加费。

2. 工程量计算

综合脚手架层高 3.6 m 以内：$18.24 \times 8.24 \times 2 = 300.60$（m²）

综合脚手架层高 5 m 以内：$18.24 \times 8.24 \times 4 = 601.19$（m²）

满堂脚手架 5 m 层：$18 \times 8 \times 4 = 576.00$（m²）

层高超高脚手架材料增加费：$18.24 \times 8.24 = 150.30$（m²）

檐口高度超 20 m 脚手材料增加费：$18.24 \times 8.24 = 150.30$（m²）

3. 套定额

计算结果见表 2-7-11。

表 2-7-11 计算结果

序号	定额编号	项目名称	计量单位	工程量	综合单价/元	合计/元
1	20-5	综合脚手架层高 3.6 m 以内	1 m² 建筑面积	300.60	21.41	6 435.85
2	20-6	综合脚手架层高 5 m 以内	1 m² 建筑面积	601.19	64.02	38 488.18
3	20-20 换	混凝土浇捣脚手架	10 m²	57.6	47.06	2 710.66
4	20-49 换 ×0.6	层高超高脚手架材料增加费	1 m² 建筑面积	150.30	1.09	163.83
5	20-49 换 ×0.8	檐口高度超 20 m 脚手材料增加费	1 m² 建筑面积	150.30	1.45	217.94
合计						48 016.46

注：20-20 换：156.85×0.3 = 47.06［元/（10 m²）］。
20-49 换：9.05×0.2 = 1.81（元/m²）。

任务二

1. 信息提取

通过查询获取人工、材料、机械市场价格，见表 2-7-12。

表 2-7-12 资源市场价格表

序号	资源名称	单位	不含税市场价/元
1	二类工	工日	90
2	复合木模板 18 mm	m²	37.32
3	周转木材	m³	1 754.31
4	卡具	kg	4.04
5	钢管支撑	kg	4.04
6	铁钉	kg	5.19
7	镀锌钢丝 22 号	kg	4.87
8	回库修理、保养费	元	1
9	其他材料费	元	0.86
10	卸货汽车	台班	342.48
11	汽车式起重机	台班	420.53
12	木工圆锯机	台班	23.9

2. 工程量计算

工程量计算见表 2-7-13。

表 2-7-13 工程量计算表

序号	清单项目编码	清单项目名称	计算式	工程量合计	计量单位
1	011702002001	矩形柱	$S=4\times（4\times0.5\times4-0.3\times0.7\times2-0.2\times0.12\times2）=30.128（m^2）$	30.13	m^2
2	011702006001	矩形梁	$S=[4.5\times（0.7\times2+0.3）-4.5\times0.12]\times4=28.44（m^2）$	28.44	m^2
3	011702014001	板	$S=（5.5-2\times0.3）\times（5.5-2\times0.3）-0.2\times0.2\times4=23.85（m^2）$	23.85	m^2

3. 清单编制

清单编制见表 2-7-14。

表 2-7-14 清单编制

项目编码	项目名称	项目特征	计量单位	工程量
011702002001	矩形柱	支撑高度：4 m	m^2	30.13
011702014001	有梁板	支撑高度：4 m	m^2	52.29

4. 清单综合单价计算

清单综合单价计算见表 2-7-15、表 2-7-16。

表 2-7-15 清单综合单价计算 1

项目编码	011702002002		项目名称	矩形柱模板复合木模板	计量单位	m^2	工程量	30.13

| | | | | | | 清单综合单价组成明细 | | | | | |

定额编号	定额项目名称	定额单位	数量	单价				合价			
				人工费	材料费	机械费	管理费和利润	人工费	材料费	机械费	管理费和利润
21–27 换	现浇矩形柱 复合木模板 框架柱（墙）、梁、板净高在 5 m 以内人工×1.3，材料[320 20115] 含量×1.07，材料[320 20132] 含量×1.07	10 m^2	1	407.16	197.51	12.97	159.65	407.16	197.51	12.97	159.65
小计								407.16	197.51	12.97	159.65
清单项目综合单价								777.29			

费用计算过程如下：

人工费：90×3.48×1.3 = 407.16（元）

材料费：10 m² 矩形柱模板中复合木模板费：37.32×2.2 ＝ 82.10（元）

周转木材费：1 754.31×0.041 ＝ 71.93（元）

卡具费：4.04×1.77×1.07 ＝ 7.65（元）

钢管支撑费：4.04×3.57×1.07 ＝ 15.43（元）

钢钉费：5.19×2.034 ＝ 10.56（元）

镀锌钢丝 22 号费：4.87×0.03 ＝ 0.15（元）

回库修理、保养费：1×1.52 ＝ 1.52（元）

其他材料费：0.86×9.6 ＝ 8.26（元）

材料费合计：82.01 ＋ 71.93 ＋ 7.65 ＋ 15.43 ＋ 10.56 ＋ 0.15 ＋ 1.52 ＋ 8.26 ＝ 197.51（元）

机械费：342.48×0.016 ＋ 420.53×0.011 ＋ 23.9×0.12 ＝ 12.97（元）

管理费：（407.16 ＋ 12.97）×26% ＝ 109.23（元）

利润：（407.16 ＋ 12.97）×12% ＝ 50.42（元）

表 2-7-16　清单综合单价计算 2

项目编码	011702014002	项目名称	有梁板 模板	计量单位	m²	工程量	52.29
清单综合单价组成明细							
定额编号	定额项目名称	定额单位	数量	单价				合价			

定额编号	定额项目名称	定额单位	数量	人工费	材料费	机械费	管理费和利润	人工费	材料费	机械费	管理费和利润
21-59 换	现浇板厚度＜20 cm 复合木模板框架柱（墙）、梁、板净高在 5 m 以内 人工×1.3，材料[320 20115]含量×1.07，材料[320 20132]含量×1.07 现浇构件和现场预制构件不用砂浆垫块而改用塑料卡材料[341 30187]含量＋30	10 m²	1	341.64	209.21	17.6	136.51	341.64	209.21	17.6	136.51
小计								341.64	209.21	17.6	136.51
清单项目综合单价								704.96			

费用计算过程如下：

人工费：90×2.92×1.3 ＝ 341.64（元）

材料费：10 m² 矩形柱模板中复合木模板费：37.32×2.2 ＝ 82.10（元）

卡具费：4.04×1.81×1.07 ＝ 7.82（元）

钢管支撑费：4.04×6.94×1.07 ＝ 30（元）

周转木材费：1 754.31×0.036 ＝ 63.16（元）

钢钉费：5.19×1.93 ＝ 10.02（元）

镀锌钢丝 22 号费：4.87×0.03 ＝ 0.15（元）

回库修理、保养费：1×1.83 ＝ 1.83（元）

其他材料费：0.86×10.5 ＝ 9.03（元）

塑料卡费：0.17×30 ＝ 5.1（元）

材料费合计：82.10＋7.82＋30＋63.16＋10.02＋0.15＋1.83＋9.03＋5.1 ＝ 209.21（元）

机械费：342.48×0.023＋420.53×0.015＋23.9×0.143 ＝ 17.6（元）

管理费：（341.64＋17.6）×26% ＝ 93.40（元）

利润：（341.64＋17.6）×12% ＝ 43.11（元）

5. 清单综合价计算

清单综合价计算见表 2-7-17。

表 2-7-17　分部分项工程量清单与计价表

项目编码	项目名称	项目特征	计量单位	工程量	金额 / 元		
					综合单价	合价	其中
							暂估价
011702002001	矩形柱	支撑高度：4 m	m²	30.13	77.73	2 342.00	
011702014001	有梁板	支撑高度：4 m	m²	52.29	70.50	3 686.45	
分部小计						6 028.45	

■ 四、任务练习

图 2-7-3 所示为某现浇单层框架结构房屋的建筑平面图及 1-1 断面图，轴线为柱中，图中墙上均有梁，柱截面尺寸为 400 mm×400 mm，梁截面尺寸为 300 mm×400 mm，外墙上梁外侧平齐，内墙上梁居中，墙厚为 240 mm，板厚为 100 mm，计算该房屋地面以上部分砌墙、抹灰、混凝土浇捣脚手架工程量、综合单价和合价。

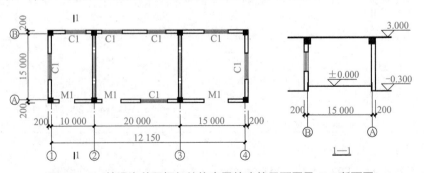

图 2-7-3　某现浇单层框架结构房屋的建筑平面图及 1-1 断面图

模块名称	措施项目	
课题名称	措施项目清单编制与综合价计算	
学生姓名		所在班级	
所学专业		完成任务时间	
指导老师		完成任务日期	

一、任务描述
详见四、任务练习

二、任务解答
1. 信息收集

_____

_____

_____

_____

_____

_____

_____

_____

_____

2. 工程量计算

计算项目	部位	计算单位	计算式	工程量

3. 清单编制

项目编码	项目名称	项目特征	计量单位	工程量

4. 清单综合单价计算

项目编码			项目名称		计量单位		工程量	
清单综合单价组成明细								
定额编号	定额项目名称	定额单位	数量	单价				合价			

定额编号	定额项目名称	定额单位	数量	人工费	材料费	机械费	管理费和利润	人工费	材料费	机械费	管理费和利润
小计											
清单项目综合单价											

定额单价计算过程：

_____

_____

_____

_____

_____

_____

_____

项目编码			项目名称			计量单位			工程量	
清单综合单价组成明细										
定额编号	定额项目名称	定额单位	数量	单价				合价		
				人工费	材料费	机械费	管理费和利润	人工费	材料费	机械费	管理费和利润
小计										
清单项目综合单价										

定额单价计算过程：

_____

_____

_____

_____

_____

_____

5. 清单综合价

分部分项工程量清单与计价表

项目编码	项目名称	项目特征	计量单位	工程量	金额／元		
					综合单价	合价	其中
							暂估价

三、体会与总结

四、指导老师评价意见

指导老师签字：

日期：

项目三　建筑工程计量与计价综合实训

任务　建筑工程计量与计价

知识目标

1. 熟悉建筑工程常见施工工艺、构造做法，掌握建筑工程各分部分项计量规则、计算方法；

2. 掌握建筑工程计价基础知识，熟悉建筑工程常用计价定额；

3. 掌握招标投标造价文件编制方法。

技能目标

1. 能够正确识读建筑工程图，根据建筑施工图、结构施工图，以及常用建筑材料、施工方法等列出各分部分项工程、单价措施项目清单，计算工程量；

2. 能够根据建筑工程计价规范、计价定额、工程实践，正确套用定额，并能熟练进行定额换算；

3. 能够根据建筑工程清单特征正确进行组价，计算清单项目的综合单价及综合价；

4. 能够编制工程量清单及报价文件。

素质目标

1. 遵守相关法律法规、标准和管理规定；

2. 具有严谨的工作作风、较强的责任心和科学的工作态度；

3. 爱岗敬业，严谨务实，团结协作，具有良好的职业操守；

4. 养成不断创新的精神，形成在工程造价工作岗位及相关岗位上解决实际问题的职业能力。

■ 一、任务描述

某框架结构建筑，建筑主体为一层。其建筑施工图和结构施工图详见附图。根据施工图纸、各类规范、地区定额、当地人工（材料、机械）信息指导价或市场价、当地常用施工方案等计量计价依据，编制一份建筑工程报价文件。

■ 二、任务实施要求

以小组为单位，每组 2～4 人，通过合作完成以下实训内容：

（1）熟悉图纸，收集施工规范、施工工艺、人工（材料、机械）等相关资料；

（2）列出计价项目，计算工程量，编制工程量清单；

（3）利用计价软件进行清单计价；

（4）编制报价文件，报价文件中至少包含以下内容：建设项目报价汇总表、单位工程报价汇总表、分部分项工程和单价措施项目清单与计价表、综合单价分析表、总价措施项目清单与计价表、其他项目清单与计价汇总表、规费、税金项目计价表（表式参照表 3-1-1～表 3-1-8）。

表 3-1-1　建设项目报价汇总表

工程名称：××工程　　　　　　　　　　　　　　　　　　　　　　第 1 页　共 1 页

序号	单项工程名称	金额/元	其中：/元		
			暂估价	安全文明施工费	规费
1	××工程				
	合计				

表 3-1-2　单位工程报价汇总表

工程名称：×× 土建工程　　　　　　　　　　标段：　　　　　　　　

序号	汇总内容	金额 / 元	其中：暂估价 / 元
1	分部分项工程量清单计价合计		
1.1	人工费		
1.2	材料费		
1.3	施工机具使用费		
1.4	企业管理费		
1.5	利润		
2	措施项目清单计价合计		
2.1	单价措施项目费		
2.2	总价措施项目费		
2.2.1	其中：安全文明施工措施费		
2.2.2			
3	其他项目清单计价合计		
3.1	其中：暂列金额		
3.2	其中：专业工程暂估价		
3.3	其中：计日工		
3.4	其中：总承包服务费		
4	规费		
5	税金		
	投标报价合计		

表 3-1-3　分部分项工程和单价措施项目清单与计价表

工程名称：×× 工程　　　　　　　　　　　　　　标段：　　　　　　　　第 1 页　共 1 页

序号	项目编码	项目名称	项目特征描述	计量单位	工程量	金额 / 元		
						综合单价	合价	其中 暂估价
		（分部工程名称）						
			分部小计					
		（分部工程名称）						
			分部小计					

表 3-1-4 综合单价分析表

项目编码		项目名称						计量单位		工程量		
清单综合单价组成明细												
定额编号	定额项目名称	定额单位	数量	单价					合价			
				人工费	材料费	机械费	管理费	利润	人工费	材料费	机械费	管理费	利润
综合人工工日				小计								
				未计价材料费								
清单项目综合单价												
材料费明细	主要材料名称、规格、型号				单位	数量	单价/元	合价/元	暂估单价/元	暂估合价/元		
	其他材料费						—		—			
	材料费小计						—		—			

表 3-1-5 总价措施项目清单与计价表（一）

工程名称：×× 工程　　　　　　　　　　　　　标段：　　　　　　　　　第 1 页　共 2 页

序号	项目编码	项目名称	计算基础	费率/%	金额/元	调整费率/%	调整后金额/元	备注
1	011707001001	现场安全文明施工						
1.1		基本费	分部分项工程费＋单价措施项目费－除税工程设备费					
1.2		扬尘污染防治增加费	分部分项工程费＋单价措施项目费－除税工程设备费					
3	011707002001	夜间施工	分部分项工程费＋单价措施项目费－除税工程设备费					
4	011707004001	二次搬运	分部分项工程费＋单价措施项目费－除税工程设备费					
5	011707005001	冬雨期施工	分部分项工程费＋单价措施项目费－除税工程设备费					
6	011707006001	地上、地下设施、建筑物临时保护设施	分部分项工程费＋单价措施项目费－除税工程设备费					
7	011707007001	已完工程及设备保护费	分部分项工程费＋单价措施项目费－除税工程设备费					
8	011707008001	临时设施费	分部分项工程费＋单价措施项目费－除税工程设备费					

表 3-1-6 总价措施项目清单与计价表（二）

工程名称：×× 工程　　　　　　　　　　　　　标段：　　　　　　　　　第 2 页　共 2 页

序号	项目编码	项目名称	计算基础	费率/%	金额/元	调整费率/%	调整后金额/元	备注
9	011707009001	赶工措施费	分部分项工程费＋单价措施项目费－除税工程设备费					
10	01B003	特殊条件下施工增加费	分部分项工程费＋单价措施项目费－除税工程设备费					
11	011707003001	非夜间施工照明	分部分项工程费＋单价措施项目费－除税工程设备费					
12	011707011001	住宅工程分户验收	分部分项工程费＋单价措施项目费－除税工程设备费					
13	011707012001	建筑工人实名制费用	分部分项工程费＋单价措施项目费－除税工程设备费					
合计								

表 3-1-7　其他项目清单与计价汇总表

工程名称：××工程　　　　　　　　　　　　　标段：　　　　　　　　　第1页　共1页

序号	项目名称	金额/元	结算金额/元	备注
1	暂列金额			
2	暂估价			
2.1	材料暂估价			
2.2	专业工程暂估价			
3	计日工			
4	总承包服务费			
	合计			

表 3-1-8　规费、税金项目计价表

工程名称：××工程　　　　　　　　　　　　　标段：　　　　　　　　　第1页　共1页

序号	项目名称	计算基础	计算基数/元	计算费率/%	金额/元
1	规费				
1.1	社会保险费	分部分项工程费＋措施项目费＋其他项目费－除税工程设备费			
1.2	住房公积金	分部分项工程费＋措施项目费＋其他项目费－除税工程设备费			
1.3	环境保护税	分部分项工程费＋措施项目费＋其他项目费－除税工程设备费			
2	税金	分部分项工程费＋措施项目费＋其他项目费＋规费－除税甲供材料和甲供设备费/1.01			
	合计				

参 考 文 献

[1] 中华人民共和国住房与城乡建设部，中华人民共和国国家质量监督检验检疫总局．GB 50500—2013 建设工程工程量清单计价规范［S］．北京：中国计划出版社，2013．

[2] 中华人民共和国住房与城乡建设部．GB 50854—2013 房屋建筑与装饰工程工程量计算规范［S］．北京：中国计划出版社，2013．

[3] 江苏省住房和城乡建设厅．江苏省建筑与装饰工程计价定额（2014）［S］．南京：江苏凤凰科学技术出版社，2014．

[4] 江苏省住房和城乡建设厅．江苏省建设工程费用定额（2014）［S］．南京：江苏凤凰科学技术出版社，2014．

[5] 中华人民共和国住房和城乡建设部．22G101-1 混凝土结构施工图平面整体表示方法制图规则和构造详图（现浇混凝土框架、剪力墙、梁、板）［S］．北京：中国计划出版社，2022．

[6] 中华人民共和国住房和城乡建设部．22G101-3 混凝土结构施工图平面整体表示方法制图规则和构造详图（独立基础、条形基础、筏形基础、柱基础）［S］．北京：中国计划出版社，2022．

[7]《建筑施工手册》（第五版）编委会．建筑施工手册［M］．5 版．北京：中国建筑工业出版社，2012．

[8] 徐广舒．建筑工程计量与计价［M］．5 版．北京：化学工业出版社，2018．

[9] 全国二级造价工程师职业资格考试培训教材编审委员会．建设工程计量与计价实务（2019 年版）［M］．北京：中国建材工业出版社，2019．

[10] 唐明怡，石志锋．建筑工程造价［M］．北京：北京理工大学出版社，2017．

图 纸 目 录

序号	图号	图纸名称	图幅
1	ZJXZZ-FJ-01	建筑施工图设计说明	A2
2	ZJXZZ-FJ-02	建筑施工图设计说明门窗表 工程做法一览表	A2
3	ZJXZZ-FJ-03	一层平面图	A2
4	ZJXZZ-FJ-04	屋顶平面图 标高 10.65 m 平面图	A2
5	ZJXZZ-FJ-05	立面图	A2
6	ZJXZZ-FJ-06	剖面图	A2
7	ZJXZZ-FJ-07	结构设计总说明一	A2
8	ZJXZZ-FJ-08	结构设计总说明二	A2
9	ZJXZZ-FJ-09	基础平面布置图	A2
10	ZJXZZ-FJ-10	基础顶面至 6.100 m 施工图	A2
11	ZJXZZ-FJ-11	6.100 m 至屋面柱施工图	A2
12	ZJXZZ-FJ-12	标高 12.050 m 层梁配筋图	A2
13	ZJXZZ-FJ-13	屋面梁配筋图	A2
14	ZJXZZ-FJ-14	屋面板配筋图	A2

建筑施工图设计说明

1. 设计依据

1.1 设计委托合同书。

1.2 建设、规划、消防、人防等主管部门对项目的审批文件。

1.3 经批准的本工程方案设计文件及甲方的意见。

1.4 国家及地方现行的主要建筑设计规范、规程和规定：

《中华人民共和国城乡规划法》《江苏省城市规划管理技术规定》《民用建筑设计统一标准》(GB 50352—2019)、《建筑设计防火规范》(2018年版)(GB 50016—2014)、《水利工程设计防火规范》(GB 50987—2014)、《屋面工程技术规范》(GB 50345—2012)、《建筑内部装修设计防火规范》(GB 50222—2017)、《水闸设计规范》(SL 265—2016)。

1.5 用地红线图及规划设计要求。

1.6 建设单位提供的有关地质勘察报告及使用要求等资料。

2. 项目概况

2.1 建筑名称：××闸站。

建设地点：×××。

建设单位：××工程建设处。

设计的主要范围和内容：本工程设计包括土建设计和一般装修设计（不含水工设计和二次装修）。

2.2 本工程总建筑面积为110.6 m²。其中，厂房为70.1 m²，配电房为40.5 m²。

2.3 建筑层数、高度：厂房主体为一层，建筑高度为6.817 m；配电房主体为一层，建筑高度为4.000 m。

2.4 主要结构类型：框架结构，抗震设防烈度：7度（0.10g），设计合理使用年限：50年。

2.5 耐火等级：二级。火灾危险性类别：丁类水工厂房。

3. 标高及定位

3.1 设计标高以本工程高程为水工标高。

3.2 建筑标高以m计，其他尺寸以mm计。

3.3 各层标注标高为建筑完成面标高，屋面标高为结构板面标高。

3.4 本工程定位详见水工总平面图。

4. 墙体工程

4.1 基础部分墙体，钢筋混凝土墙体详见结施，构造柱详见结施。

4.2 墙体材料：墙体材料见结构说明。其构造和技术要求详见供应商土建施工图集。

4.3 墙身防潮层：在室内地坪下60 mm处做20厚1：2水泥砂浆内加3%～5%防水剂的墙身防潮层，当室内地坪变化处防潮层应重叠并在高低差平土一侧墙身做20厚1：2水泥砂浆防潮层，如埋土侧为室外，还应刷1.5厚聚氨酯防水涂料，室内地坪下约60 mm处墙下有混凝土梁处不做防层。

4.4 墙体留洞及封堵

4.4.1 钢筋混凝土墙上的留洞见结施和设备图，砌筑墙预留洞见招标和设备图。

4.4.2 砌筑墙预留洞过梁见结施说明。

4.4.3 预留洞的封堵：混凝土墙留洞的封堵见结施，其余砌筑墙留洞待管道设备安装完毕后，用C15细石混凝土填实；变形缝双侧留设的封堵，应在双墙分别增设套管，套管与穿洞之间嵌堵青麻丝，表面用密封膏封平，防火墙上留洞的封堵为岩棉填实，表面用密封膏封平。

4.5 墙体防裂措施。

外墙应采用满铺钢丝网抹灰进行处理，外墙粉刷层砂浆中掺入聚丙烯抗裂纤维。内墙两种不同基体交接处，应采用钢丝网抹灰或耐碱玻璃纤维布骤合物砂浆加强带进行处理加强带与各基体的搭接宽度不应小于300 mm，外墙粉刷层砂浆中掺入聚丙烯抗裂纤维。掺入量为0.8～1.2 kg/m³。

5. 屋面工程

5.1 本工程屋面工程执行《屋面工程技术规范》(GB 50345—2012)和地方的有关规程和规定。

5.2 本工程的屋面防水等级为Ⅱ级，4 mm厚SBS防水卷材。

5.3 找平层，刚性防水层分格缝间距不大于4 m，缝宽不大于30 mm，且不小于12 mm。

5.4 屋面排水组织见屋面平面图，内排水雨水管见水施图，外排雨水斗、雨水管采用PVC，除图中另有注明者外，雨水管的公称直径均为DN110。

5.5 钢筋混凝土屋面采取材料找坡，坡度2%，建筑找坡材料为发泡混凝土，抗压强度不小于0.3 MPa。高屋面排水至低屋面时落水管下口加设混凝土水簸箕。雨水管落地时遇水工结构，要求在水工结构中预埋入镀锌排水钢管。

5.6 有保温不上人平屋面做法参见工程做法一览表。

5.7 女儿墙做法参见12J201—7/A13；排气管出屋面参见12J201—A21。

5.8 女儿墙落水管做法参见12J201—1/A19；女儿墙落水管做法参见12J201—A20；水斗和落水管口做法参见12J201—H6；高低屋面做法参见12J201—A14；黑色筒瓦屋面（未尽之处按09J202—1各项条款严格执行）屋面做法参见工程做法一览表；瓦屋面和墙体交接处做法参见国标09J202—1—D、E/K28；瓦屋面避雷带做法参见09J202—1—K15；屋脊做法参见09J202—1—4/K27；檐口做法参见09J202—1—6/K24。

6. 门窗工程

6.1 外窗气密性不低于《建筑外门窗气密、水密、抗风压性能检测方法》(GB/T 7106—2019)规定6级，水密性不低于3级，抗风压性不低于4级。铝合金门窗参见苏J50—2015，门窗选型80系列推拉门窗，窗型材壁厚不小于1.4 mm，门型材壁厚不小于2.0 mm。

6.2 门窗玻璃的选用应遵照《建筑玻璃应用技术规程》(JGJ 113—2015)和《建筑安全玻璃管理规定》(发改运行〔2003〕2116号)及地方主管部门的有关规定。

6.3 门窗立面以表示洞口尺寸，门窗加工尺寸要求按照装修面厚度由承包商予以调整。

6.4 门窗立樘：内门窗立樘除图中另有注明者外，双向平开门立樘居中，单向平开门立樘开启方向墙面平，窗位于墙厚正中。

6.5 门窗选料、颜色、玻璃见"门窗表"附注；门窗五金件要求为不锈钢。

6.6 凡与门窗连接的梁、柱、墙均应按有关的门窗图纸预埋木砖或铁件。所有门窗墙洞高度均以楼地面建筑标高算起。

6.7 门窗拼樘必须进行抗风压变形验算，拼樘料与门窗框之间的拼接应为插件，插接深度不小于10 mm。

6.8 上下通窗与每层楼板，隔墙处的缝隙，采用不燃烧材料严密填实。

6.9 门窗制造安装厂家按设计立面图式样绘制详细的施工安装图，经设计及施工单位共同审定后，再进行加工、安装。

6.10 窗台压顶做法：具体见结构说明。

6.11 伸出建筑的挑檐处粉刷面以2%的坡度坡向室外，窗台处粉刷面以10%的坡度坡向室外，腰线处以5%的坡度坡向室外，且靠墙根部应抹成圆角。滴水槽宽度和深度不应小于10 mm。

7. 外装修工程

7.1 外墙饰面做法详见工程做法一览表。色彩见建筑立面图。

7.2 承包商进行二次装修之轻钢结构、装饰物等等，经确认后，向建筑设计单位提供预埋件的设置要求。

7.3 外装修选用的各项材料其材质、规格、颜色等均由施工单位提供样板，经建设和设计单位确认后进行封样，并据此验收。

7.4 外墙粉刷层宜掺入聚丙烯抗裂纤维，外墙涂料层宜选用吸附力强、耐候性好、耐洗刷的漆。

7.5 外墙装修材料必须符合《民用建筑工程室内环境污染控制标准》(GB 50325—2020)。

8. 内装修工程

8.1 内装修工程执行《建筑内部装修设计防火规范》(GB 50222—2017)，楼地面部分执行《建筑地面设计规范》(GB 50037—2013)。

8.2 楼地面构造交接和地坪高度变化处，除图中另有注明者外均位于齐平门扇开启面处。

8.3 设备间的建筑地面设置防水层，做法见工程做法一览表。

8.4 不上人屋面与墙、空调隔板或其他外挑板向上做一道高度200 mm的混凝土翻边，与楼板一同浇筑。

8.5 除表面贴面材者外，所有墙柱阳角均做2 200 mm高水泥砂浆护角线，做法见国标11J930—3/H36。

8.6 管道井及烟道随随面抹1：2水泥砂浆。

8.7 内装修选用的各项材料，均由施工单位制作样板和选样，经确认后进行封样，并据此进行验收。

8.8 所有室内外装修材料必须符合《民用建筑工程室内环境污染控制标准》(GB 50325—2020)。

9. 油漆涂料工程

9.1 室内外各项隐蔽金属件均刷铝铁防锈漆二道后再做同室内外部位相同颜色的漆；室内外各项不露明的金属件均刷铅铁防锈漆二道，凡埋入墙内之木构件均满刷环保氟化钠二道。

9.2 室内木门窗油漆色彩均结合二次装修确定。

9.3 护窗不锈钢栏杆高度1 100 mm，做法参见15J403—1—H3/C15。

楼梯栏杆选用不锈钢玻璃栏杆，做法参见15J403—1—B48。

9.4 各项油漆均由施工单位制作样板，经确认后进行封样，并据此进行验收。

10. 室外工程

外挑檐、雨篷、室外台阶、坡道、散水等工程做法详见工程做法一览表。

室外散水每6 m设宽为20 mm、深为60 mm的伸缩缝，并填充沥青油麻，外门台阶与主体外墙之间设20 mm宽沉降缝，并填沥青油麻。檐沟每6 m设宽为20 mm的伸缩缝，并填充沥青油麻。散水宽600 mm，做法参见12J003—1A/A1外挑沿、凸出墙面的线脚下，距外侧50 mm处设20宽PVC分格条做水线。

11. 建筑设备、设施工程

灯具、送排风口等影响美观的器具须经建设单位与设计单位确认样品后，方可批量加工、安装。

12. 安全防护及其他说明

防护栏杆的材料、间距、连接固定和耐久性控制应符合《住宅工程质量通病控制标准》第9.5条之规定。护栏高度、栏杆间距、安装位置必须符合设计要求。护栏安装必须牢固。

安全及设施标准：防护栏杆的材料选择应符合《住宅工程质量通病控制标准》第9.5.2条之规定。

12.1 建筑入口上方设雨篷（或门斗）。

12.2 窗台低于900 mm窗外无平台处均设高出室内地面层的1 100 mm高防护栏杆。

12.3 栏杆抗水平荷载：不应小于1.5 kN/m，金属栏杆的型材壁厚需经计算后确定且应符合15J403—1附录中的相关要求。

12.4 栏杆竖向荷载：不应小于1.2 kN/m。水平荷载与竖向荷载应分别考虑。

12.5 大厅及楼梯平台等横向长度>500时的防护栏杆均按临空栏杆高度设置。高度不低于1 100 mm，具体高度详见各部分图纸，垂直杆件净空小于110，栏杆应防儿童攀爬，防护栏杆离楼面高0.1 m内不应留空。

12.6 楼梯不锈钢玻璃栏杆其体结合二次装修设计，由专业公司制作，预埋件由厂家提供位置及预埋件规格，室内楼梯扶手首踏步前缘线最起高度不宜小于0.9m，楼梯踏步防滑条参见15J403—1—13/E6。

当水平段栏杆长度大于0.5 m时，扶手高1.10 m，防护栏杆离楼地面0.1 m内不应留空。

12.7 楼井净宽大于200 mm时，采取安全措施；楼梯井应采用防坠落网，扶手加防攀滑措施，由业主自理。

12.8 建筑立面单块大于1.5 m²的门窗玻璃、幕墙玻璃、建筑出入口、门厅、吊顶、天棚、楼梯、平台、走廊栏杆、中庭栏板等易受撞击造成人体伤害的公共部位，采用钢化玻璃、夹胶玻璃等安全玻璃。

12.9 本图所标注的各种洞口与预埋件应与各工种密切配合后，确认无误方可施工。

12.10 建筑局部采用钢结构，钢结构必须符合钢结构工程技术规范，由专业公司施工，施工前由专业钢结构公司按设计式样绘制详细的施工安装图，详细计算需由设计人员参与认可。

12.11 图中所选用标准图中有对结构工种的预埋件、预留洞，如楼梯、平台钢栏杆、门窗、建筑配件等，本图所标注的各种留洞与预埋件应与各工种密切配合后，确认无误方可施工。

12.12 本设计未详尽之处请按国家各项施工质量验收规范执行。

12.13 外墙变形缝做法参见14J936—2/BQ1（盖板材质不锈钢）；楼地面变形缝做法参见14J936—1、2/BD3（盖板材质不锈钢）；内墙、平顶变形缝做法参见14J936—1、4/BN1（盖板材质不锈钢）。

13. 建筑专业消防设计

13.1 概况：本建筑使用性质为水工厂房，火灾危险性类别为丁类，耐火：等级：二级。

13.2 设计依据：《建筑设计防火规范》(2018年版)(GB 50016—2014)，《水利工程设计防火规范》(GB 50987—2014)。

13.3 本工程建筑面积为110.6 m²，划分为一个防火分区。

13.4 安全疏散。

13.4.1 本工程厂房为地上一层，共设置1个直接对外安全出口，疏散宽度为1.5 m，可满足250人疏散，实际工作人员少于5人。配电房为地上一层，共设置1个直接对外安全出口，疏散宽度为1.5 m，可满足250人疏散，实际工作人员少于5人，疏散满足要求。

13.4.2 本工程疏散均满足要求，疏散出口安全距离均在规范要求的控制范围内。

施工图设计时已遵照《工程建设标准强制性条文》（房屋建筑部分）中对应建筑、结构、给水排水、电气等专业的相关条文执行。

××设计研究院有限公司	××闸站	建筑施工图设计说明	施工图设计	批准	核定	审查	校核	设计	制图	日期	甲级设计证书编号××
		房建部分									图号 ZJXZZ–FJ–01

建筑施工图设计说明

13.5 本工程选用的防火门、防火窗及有关防火构件需采用消防部门认可的产品。

13.6 施工现场消防安全工作需严格按《建设工程施工现场消防安全技术规范》（GB 50720—2011）执行。

13.7 建筑防火构造：

13.7.1 除特别注明者外，所有内墙应砌至上层楼板底或梁底。

13.7.2 所有管道竖井按功能分别独立布置，待设备安装完毕后，应在各层楼面位置以钢筋铺设钢筋网片、用C20细石混凝土封堵平整（耐火时间不小于楼面耐火时间，其厚度应不小于0.10 m）。管井壁应为耐火极限不低于1 h的不燃烧体，井壁上留检修口安装丙级防火门并设门槛。

13.7.3 竖向管道井与房间、走道等处连通的孔洞，当为同一防火分区时其空隙采用不燃烧材料封堵填塞密实，分属不同防火分区时用防火泥封堵。

13.7.4 建筑内部装修构造、构件用料，均应符合《建筑内部装修设计防火规范》（GB 50222—2017）表3.2.1规定的燃烧性能等级。

13.7.5 建筑中燃气、电气、空调等建筑设备的设置和管线敷设应符合防火安全要求。

13.8 设备专业详细的消防设计详见各专业图纸。

13.9 本工程的消防设计需经图纸审查及消防主管部门审查或备案后方可实施。

14. 室内环境

14.1 本工程室内环境污染控制类别为Ⅰ类，应满足《民用建筑工程室内环境污染控制标准》（GB 50325—2020）的要求。

无机非金属建筑材料放射性限量量：内照射指数≤1.0，外照射指数≤1.0。

无机非金属装饰装修材料放射性限量的指标：内照射指数≤1.0，外照射指数≤1.3。

本工程验收时必须进行室内环境污染浓度检测浓度限量：

氡≤200 Bq/m³，苯≤0.09 mg/m³，氨≤0.2 mg/m³，TVOC≤0.5 mg/m³，游离甲醛≤0.08 mg/m³。

14.2 建筑用材及装修用料应符合"环保型"，所有建材选用均不得使用国家限制或淘汰的技术产品。

14.3 产生噪声源的设备用房及电梯井道采取吸声或隔声处理。

15. 预拌砂浆

本工程按照规定使用预拌预拌砂浆。执行江苏省《预拌砂浆技术规程》（DB13/T 2311—2015）。

预拌砂浆与传统砂浆的对应关系，如下表：

种类	普通预拌砂浆（干混）	传统砂浆
砌筑砂浆	DMM5.0 WMM5.0	M5.0混合砂浆、M5.0水泥砂浆
	DMM7.5 WMM7.5	M7.5混合砂浆、M7.5水泥砂浆
	DMM1.0 WMM1.0	M10混合砂浆、M10水泥砂浆
抹灰砂浆	DPM5.0	1:1:6混合砂浆
	DPM10	1:1:4混合砂浆
	DPM15	1:3水泥砂浆
地面砂浆	DSM20	1:2水泥砂浆

凡施工图及所选用标准图集中涉及的传统砂浆均按照上表对应关系转换。无对应关系的由预拌砂浆提供单位负责替换，预拌砂浆生产单位要保证预拌砂浆满足传统砂浆所有相关性能（包含自保温墙体专用砌筑砂浆的保温性能），并承担责任。预拌砂浆施工做法、技术要求、材料用量及质量验收标准执行江苏省工程建设标准设计图集现行规定。

16. 图纸说明

16.1 图中所注标高除注明者外均为建筑标高。

16.2 门窗代号：门：M—；防火门：FM；窗：C；防火窗：FC。

16.3 参见图集：江苏省建筑配件通用图集国标系列。

特别说明：本工程严格按国家有关强制性标准设计，请业主、承包商、监理三方认真阅读图纸，发现问题及时与本单位联系解决以免造成损失，未尽事宜，请遵照国家现行规范及操作规程执行。

施工图设计时已遵照《工程建设标准强制性条文》（房屋建筑部分）中对应建筑、结构、给水排水、电气等专业的相关条文执行。

工程做法一览表

	编号	名称	做法及说明	适用区域
墙基防潮	1	防水砂浆防潮层	20厚水泥砂浆掺5%的避水浆，位置一般在-0.06 m标高	加气混凝土砌块墙体
地面	1	地砖地面 规格（800×800）	(1) 10厚地面砖，干水泥擦缝（由甲方选定）； (2) 撒素水泥面（洒适量清水）； (3) 20厚1:2干硬性水泥砂浆结合层； (4) 40厚C20细石混凝土； (5) 聚氨酯三遍涂膜防水层厚1.8； (6) 60厚C20细石混凝土，随捣随抹平； (7) 100厚碎石或碎砖夯实； (8) 素土夯实（压实系数0.94）	配电房
楼面	1	地砖楼面 规格（800×800）	(1) 10厚地面砖，干水泥擦缝； (2) 撒素水泥面（洒适量清水）； (3) 20厚1:2干硬性水泥砂浆结合层； (4) 素水泥浆结合层一道； (5) 现浇钢筋混凝土楼面	厂房
内墙面	1	乳胶漆墙面	(1) 刷乳胶漆； (2) 刷1:0.3:3水泥石灰膏浆粉面； (3) 5厚1:1:1水泥石膏浆打底； (4) 20厚防水砂浆找平层（与卫生间相邻墙面增设此道）； (5) 刷界面处理剂一道	内墙涂料应采用无VOCs含量涂料
踢脚	1	地砖踢脚 150 mm高	(1) 地砖素水泥擦缝； (2) 刷1:1水泥细石结合层； (3) 12厚1:3水泥砂浆打底； (4) 刷界面处理剂一道	所有房间
外墙	1	高级弹性防水涂料墙面	(1) 外墙高级弹性防水涂料； (2) 柔性耐水腻子； (3) 刷5厚抗裂渗透砂浆（压入玻纤网格布一层，底层加设一层）压实抹光水刷带出小麻面； (4) 20厚聚合物水泥防水砂浆找平层，内设热镀锌钢丝网一层； (5) 界面一道； (6) 240厚ALC加气混凝土砌块	位置、颜色详见立面 外墙涂料应采用无VOCs含量涂料
平顶	1	乳胶漆平顶	(1) 刷乳胶漆二遍； (2) 批腻子三遍； (3) 现浇钢筋混凝土板	所有房间
屋面	1	不上人平屋面	(1) 50厚C30细石混凝土保护层，配冷拔φ4的HPB300级钢筋，双向@150钢筋网片绑扎或点焊； (2) 10厚低强度等级砂浆隔离层； (3) 4厚SBS改性卷材； (4) 20厚1:3水泥砂浆找平层； (5) 45厚挤塑聚苯板； (6) 20厚1:3水泥砂浆找平层； (7) 最薄处30厚轻质混凝土找坡层； (8) 现浇钢筋混凝土屋面板	保温防水屋面
	2	雨棚屋面	(1) 20厚1:2.5水泥砂浆（铺设钢丝板网）保护层； (2) 隔离层； (3) 聚氨酯涂料2~3度，厚2.0； (4) 20厚1:3水泥砂浆找平层，拍浆抹光不起砂； (5) 现浇钢筋混凝土板	雨棚屋面
	3	黑色筒瓦屋面1	(1) 黑色筒瓦； (2) 1:1:4水泥白灰砂浆加水泥重的3%麻刀卧浆，最薄处30 mm，内置φ6@200×200钢筋网18号镀锌钢丝与屋面板预埋φ10钢筋头绑扎，并将筒瓦用18号镀锌钢丝与钢筋网扎牢固； (3) 40厚C20细石混凝土表面加筋（内配φ6@200×200钢筋网用18号镀锌钢丝与屋面板预埋φ10钢筋头绑牢）； (4) 2.0厚聚合物水泥防水膜； (5) 15厚1:3水泥砂浆找平层； (6) 45厚挤塑板找平层； (7) 专用粘贴剂； (8) 15厚1:3水泥砂浆找平层； (9) 现浇钢筋混凝土屋面板，板内预埋φ10钢筋头，间距900 mm×500 mm 不详之处按格执行09J202—1中相关规定执行	保温防水屋面

工程做法一览表

	编号	名称	做法及说明	适用区域
悬挑构件		出挑部位底面	(1) 外墙高级弹性防水涂料； (2) 柔性耐水腻子； (3) 刷5厚抗裂渗透砂浆（压入玻纤网格布一层，底层加设一层）压实抹光水刷带出小麻面； (4) 15厚1:3水泥砂浆找平层； (5) 钢筋混凝土板	线脚、雨棚底面
		出挑部位顶面	(1) 外墙高级弹性防水涂料； (2) 柔性耐水腻子； (3) 刷5厚抗裂渗透砂浆（压入玻纤网格布一层，底层加设一层）压实抹光水刷带出小麻面； (4) 15厚1:3水泥砂浆找平层； (5) 钢筋混凝土板	线脚顶面
坡道			毛面花岗岩坡道参见国标12J003—12A/A8	出入口
护角线			室内墙、柱等阳角部位设置素水泥护角线，高2 200 mm，做法参见11J930—3/H36	室内所有阳角部位
散水			混凝土散水12J003—1A/A1	散水宽600 mm
落水管			外排雨水斗、雨水管采用UPVC，规格φ110 mm	落水管

注：
1. 建筑内部装修必须符合装修防火规范。
2. 构造及节点均需与国标系列图集及《江苏省建筑配件标准图集》配合施工。
3. 未尽之处请按照国家、省、地方相关规范执行。

门窗表

类别	设计编号	洞口尺寸		数量	采用标准图集及编号		备注
		宽	高		门窗位置	编号	
门	FM1223	1 200	2 300	1			甲级防火门
	FM1523	1 500	2 300	1			甲级防火门
	M1523	1 500	2 300	1			成品防盗门（防盗等级为丙级）
窗	C513	500	1 300	8			铝合金窗 型材为普通铝合金型材 6 mm浅灰色镀膜 参见FJ—06
	C518	500	1 800	12			
	C522	500	2 200	12			
	C1313	1 300	1 300	1			
	C4422	4 400	2 200	1			
	FC522	500	2 200	6			乙级防火窗
	FC2022	2 000	2 200	1			乙级防火窗
	XC2022	2 000	2 200	1			消防救援窗
	XC4422	4 400	2 200	1			消防救援窗

1. 门窗在定货和加工前必须留留洞口尺寸（门窗立面表示洞口尺寸，未包括装饰层材料厚度和防水层厚度）；进行复核无误后方可按本表定货，在施工误差允许范围内按实际尺寸为准。

2. 门窗玻璃厚度框断面尺寸由供应商做抗风压计算，经测试符合规定标准值，严格遵守《建筑玻璃应用技术规程》（JGJ 113—2015）。

3. 外门窗玻璃颜色透明色，外门窗框型材颜色灰色。

4. 必须使用安全玻璃的门窗：沿街玻璃大于1 m²，单块玻璃大于1.5 m²，无框玻璃门、有框玻璃门、玻璃底离最终装修面小于500 mm的落地窗；5 mm厚普通平板玻璃面积大于≥0.5 m²；6 mm普通平板玻璃面积大于≥0.9 m²，安全玻璃的最大许用面积见JGJ 113—2015-7.1.1，且安全玻璃最小厚度不小于6 mm。

5. 窗型材壁厚不小于1.4 mm，门型材壁厚不小于2.0 mm（窗高度≥2 700 mm型高大门窗厂家安全后定制，增加竖向杆件或加壁厚）。

6. 门窗制造安装厂家按立面图式样绘制详细的施工安装图，经设计及施工单位共同审定后，再进行加工、安装。

7. 推拉窗增设防脱装置。

8. 消防救援窗应满足《建筑设计防火规范（2018年版）》（GB 50016—2014）第7.2.5条相关规定。

××设计研究院有限公司	××闸站	建筑施工图设计说明 门窗表 工程做法一览表	施工图设计	批准	核定	审查	校核	设计	制图	日期	甲级设计证书编号××
		房建部分									图号 ZJXZZ–FJ–02

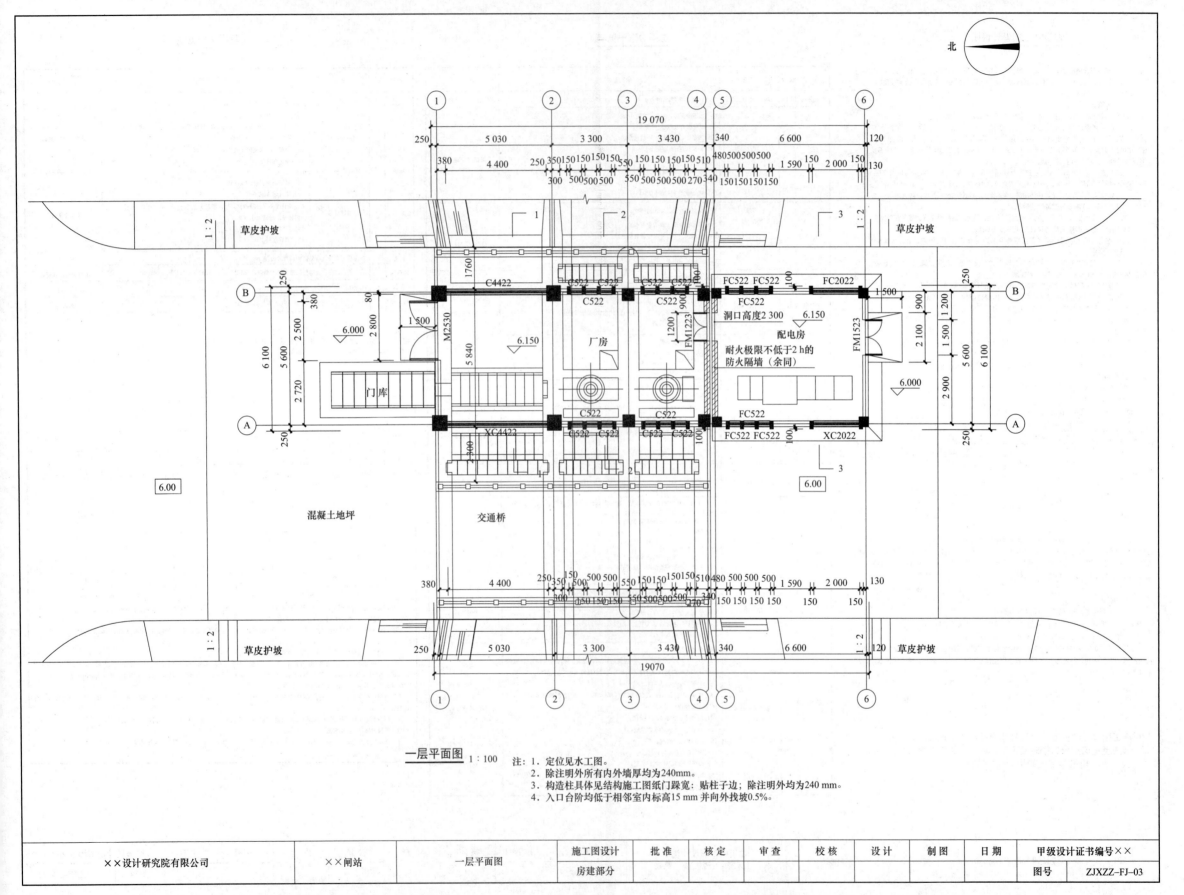

一层平面图 1:100　注：1. 定位见水工图。
2. 除注明外所有内外墙厚均为240mm。
3. 构造柱具体见结构施工图纸门踝宽：贴柱子边；除注明外均为240 mm。
4. 入口台阶均低于相邻室内标高15 mm并向外找坡0.5%。

××设计研究院有限公司	××闸站	一层平面图	施工图设计	批　准	核　定	审　查	校　核	设　计	制　图	日　期	甲级设计证书编号××
		房建部分									图号　ZJXZZ-FJ-03

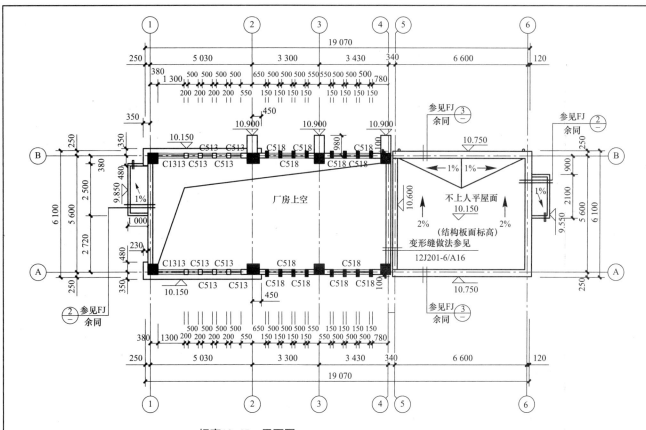

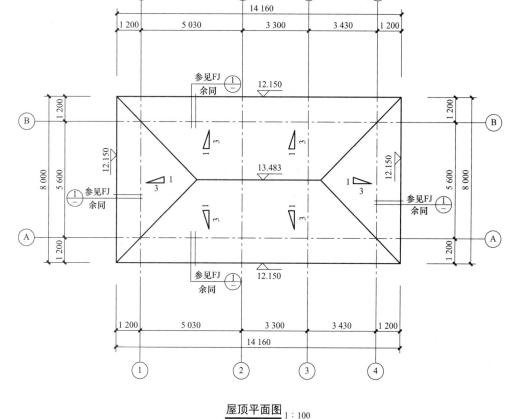

标高10.65 m平面图 1:100

注：1. 除注明外所有内外墙厚均为240 mm。
    2. 构造柱具体见结构施工图纸门跺宽；贴柱子边；除注明外均为240 mm。

屋顶平面图 1:100

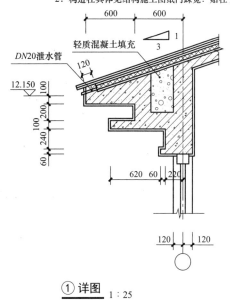

轻质混凝土填充
*DN*20泄水管

① 详图 1:25

注：1. 檐口做法参见09J202-1-6/K24。
    2. *D*20泄水管，中距1 000 mm，参见09J202-1-2/K10。

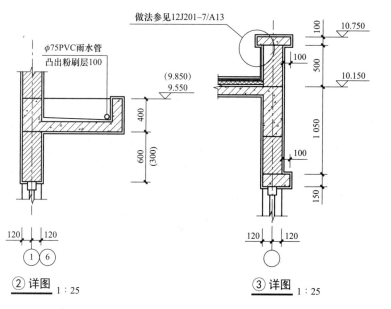

做法参见12J201-7/A13
φ75PVC雨水管
凸出粉刷层100

② 详图 1:25   **③ 详图** 1:25

××设计研究院有限公司	××闸站	屋顶平面图 标高10.65 m平面图	施工图设计	批准	核定	审查	校核	设计	制图	日期	甲级设计证书编号××
ZJXZZ-FJ-04		房建部分									图号 ZJXZZ-FJ-04

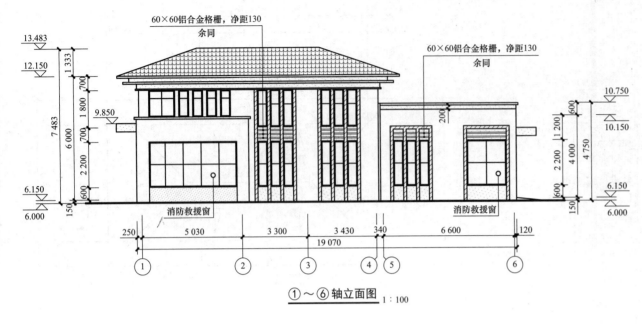

60×60铝合金格栅，净距130
余同

60×60铝合金格栅，净距130
余同

消防救援窗

消防救援窗

①～⑥轴立面图 1:100

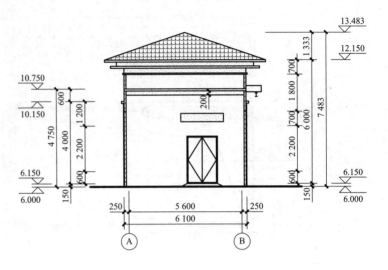

Ⓐ～Ⓑ轴立面图 1:100

图例：
黑色筒瓦屋面
白色高级弹性防水涂料饰面
深灰色高级弹性防水涂料饰面
仿木漆饰面

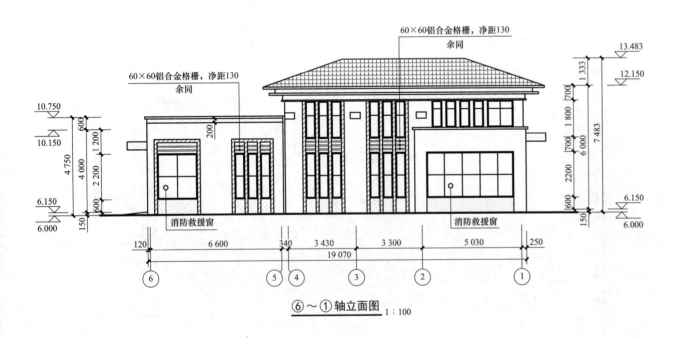

60×60铝合金格栅，净距130
余同

60×60铝合金格栅，净距130
余同

消防救援窗

消防救援窗

⑥～①轴立面图 1:100

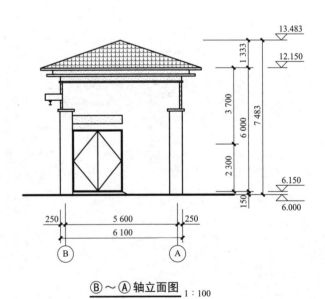

Ⓑ～Ⓐ轴立面图 1:100

××设计研究院有限公司	××闸站	立面图	施工图设计	批准	核定	审查	校核	设计	制图	日期	甲级设计证书编号××
		房建部分								2020.04	图号 ZJXZZ-FJ-05

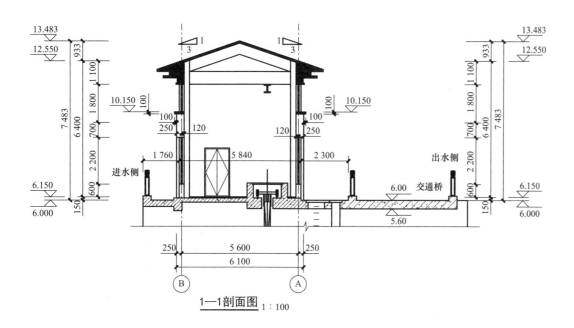

1—1剖面图 1:100

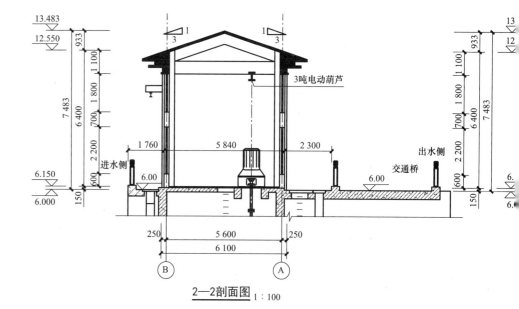

2—2剖面图 1:100

3吨电动葫芦

门窗示意图

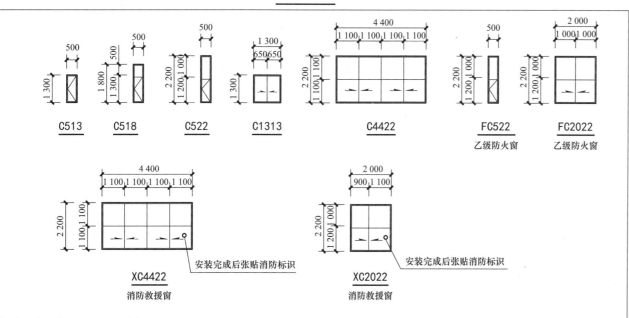

C513 C518 C522 C1313 C4422 FC522
乙级防火窗

FC2022
乙级防火窗

安装完成后张贴消防标识

XC4422
消防救援窗

XC2022
消防救援窗

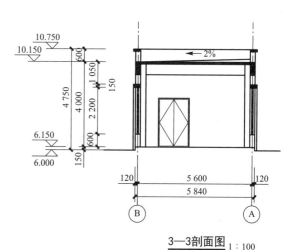

3—3剖面图 1:100

注意：门、窗尺寸洞口以现场测量为准

1. 门窗在定货和加工前必须对预留洞口尺寸（门窗立面均表示洞口尺寸，未包括装饰层材料厚度和防水层厚度）；进行复核无误后方可按本表定货，在施工误差允许范围内按照实际尺寸为准。
2. 门窗玻璃厚度框料断面尺寸由供应商做抗风压计算，经测试符合规定标准值，严格遵守《建筑玻璃应用技术规程》（JGJ 113—2015）。
3. 门窗分隔仅供参考，具体以门窗放样后经设计方确认为准。
4. 必须使用安全玻璃的门窗：沿街玻璃大于1 m²，单块玻璃大于1.5 m²；无框玻璃门、有框玻璃门、玻璃底边离最终装饰面小于500 mm。的落地窗；安全玻璃的最大许用面积详见JGJ 113—2015-7.1.1-1；且安全玻璃最小厚度不小于6 mm，5 mm厚普通平板玻璃面积≥0.5 m²；6 mm厚普通平板玻璃面积≥0.9 m²。
5. 外门窗隔声性能大于25 dB，抗风压性能为4级；外门窗水密性不低于《建筑外窗水密性能分级及检测方法》（GB/T 7106—2008）规定3级；外门窗气密性不低于《建筑外窗气密性能分级及检测方法》（GB/T 7106—2008）规定6级；
6. 门宜设置固定门扇的定门器，推拉窗增设防脱落装置。
7. 窗台标高、宽度结合本图和立面图进行施工。

××设计研究院有限公司	××闸站	剖面图	施工图设计	批准	核定	审查	校核	设计	制图	日期	甲级设计证书编号×
		房建部分								2020.04	图号 ZJXZZ—F

一、工程概况
1. 本工程为××闸站工程。
2. 本工程为主体一层，结构形式为框架结构。

二、设计总则
1. 本工程高程系统采用吴淞高程。除特别说明外，图中标高以米（m）计，其余以毫米（mm）计。
2. 施工时一律根据图中标注尺寸施工，不得用测量图纸的尺寸施工，施工前应核对图中尺寸，包括与其他各专业图纸之间的核对，遇到图纸与实际情况存在差异时，须及时通知设计人员。
3. 结构施工时应与建筑、水、暖、电等其他专业图纸配合施工。
4. 本建筑物应按建筑图中注明的功能使用，未经技术鉴定和设计认可，不得改变结构的用途及使用环境。
5. 本工程采用的结构分析软件为中国建筑科学院PKPM—2010系列（新规范版本）。制图方法按《混凝土结构施工图平面整体表示方法制图规则和构造详图》（22G101—1、2、3）。

三、设计依据
1. 设计遵循的主要现行国家标准规范和规程主要有《建筑结构可靠性设计统一标准》（GB 50068—2018）、《工程建设标准强制性标准（房屋建筑部分）（2013年版）》《建筑工程设计文件编制深度规定（2016年版）》《建筑工程抗震设防分类标准》（GB 50223—2008）、《混凝土结构耐久性设计标准》（GB/T 50476—2019）、《建筑结构荷载规范》（GB 50009—2012）、《建筑抗震设计规范（2016年版）》（GB 50011—2010）、《建筑地基基础设计规范》（DB33/T 1136—2017）、《混凝土结构设计规范（2015年版）》（GB 50010—2010）、《砌体结构设计规范》（GB 50003—2011）、《建筑桩基技术规范》（JGJ 94—2008）、《建筑地基处理技术规范》（JGJ 79—2012）、《建筑设计防火规范（2018年版）》（GB 50016—2014）。
注：其他未列项目见现行国家地方规范、规程及标准。
2. 建设单位有关批准文件。
3. 基础设计依据建设单位提供的《××剩余工程地质勘探报告》。

四、结构设计主要技术指标
1. 本工程设计基准期：50年，设计使用年限：50年。
2. 本工程混凝土结构的环境类别：±0.000以下部分与水或土壤直接接触的环境二a类，露天雨篷、空调板、屋面二a类，其他一般部位一类。
3. 本工程安全等级为二级，耐火等级为二级。
4. 抗震设防标准，见表1。

表1　抗震设防标准

抗震设防类别	抗震设防烈度	基本地震加速度/g	设计抗震分组	场地类别	场地特征周期/s	结构抗震等级	抗震构造措施	结构阻尼比
丙类	6°	0.05	第一组	Ⅲ类	0.35	四级	四级	0.05

5. 楼屋面活荷载标准值，见表2。

表2　楼屋面活荷载标准值

楼面用途	启闭机房	门厅、走廊	不上人屋面
活荷载/(kN·m⁻²)	3.0	2.5	0.5

6. 其他荷载，见表3。

表3　其他荷载

荷载类别	基本风压50年一遇	基本雪压50年一遇	施工荷载高低相邻的低屋面	检修荷载集中荷载	栏杆顶部水平荷载	栏杆顶部竖向荷载
其他	0.45 kN/m²	0.40 kN/m²	4.0 kN/m²	1.5 kN/m	1.5 kN/m	1.5 kN/m

五、主要结构材料
本工程设计采用各材料，须按国家有关标准的规定进行检验和实验，合格后方可在工程中使用。
（一）钢筋及钢材
1. Φ表示HPB300钢筋（f_y=270 N/mm²）；Φ表示HRB335E钢筋（f_y=300 N/mm²）；Φ表示HRB400E钢筋（f_y=360 N/mm²）。
2. 钢筋的强度标准值应不小于95%的保证率。
3. 抗震等级为一、二、三级的框架和斜撑构件（含梯段），其纵向受力钢筋采用普通钢筋时（钢筋采用带E标识），钢筋的抗拉强度实测值与屈服强度实测值的比值不应小于1.25；钢筋的屈服强度实测值与屈服强度标准值的比值不应大于1.3且钢筋在最大拉力下的总伸长率实测值不应小于9%。
4. 预埋件：预埋件的锚筋应采用HPB300级或HRB400级，严禁使用冷加工钢筋制作。
5. 吊环：吊环应采用HPB300级钢筋制作，严禁使用冷加工钢筋；吊环埋入混凝土的深度不应小于30d，并应焊接或绑扎在钢筋骨架上，d为吊环钢筋直径。
6. 焊条：焊条的选用及焊接质量应满足《钢筋焊接及验收规程》（JGJ 18—2012）的要求。
（二）混凝土
1. 混凝土强度等级，见表4。

表4　混凝土强度等级

部位 层号	基础部分		地下室	上部结构			
	垫层	基础结构	墙、柱、梁、顶板	墙、柱	梁	板	楼梯
×××				C30	C30	C30	

注：
（1）本工程采用预拌商品混凝土；
（2）构造柱、过梁、压顶梁、栏板等除特别注明者外均采用C25；
（3）屋面、卫生间等有防水要求的部位混凝土为防水混凝土，防水等级为P6。
2. 结构混凝土耐久性：混凝土结构暴露的环境（混凝土结构表面所处的环境）类别，见22G101—1，P57规定。设计使用年限为50年的混凝土结构，其混凝土材料宜符合《混凝土结构设计规范（2015年版）》（GB 50010—2010）表3.5.3的规定。
（三）砌体
本工程砌体结构施工质量控制等级为B级。
内地坪以上墙体：采用240厚A5.0加气砌块，M5专用水泥类砌筑砂浆砌筑。
地坪以下女儿墙：采用MU20混凝土实心砖（240×115×53）（一等品），M7.5混合砂浆砌筑。
注：
（1）确定砂浆强度等级时，应采用同类块体为砂浆强度试块底模。
（2）本工程砌筑、抹灰、地面、屋面工程和装饰、装修采用预拌砂浆，应符合《预拌砂浆》（GB/T 25181—2019）。

六、混凝土结构构造要求
（一）钢筋的混凝土最小保护层厚度
1. 保护层厚度是指最外层钢筋（包括箍筋、构造钢筋、拉筋、分布钢筋等）的外边缘到混凝土表面的距离。
2. 设计使用年限为50年的混凝土结构，最外层钢筋的保护层厚度应符合22G101—1，P57规定。
（二）钢筋的锚固和连接
1. 纵向受拉钢筋的最小锚固长度l_a，抗震锚固长度l_{aE}及连接要求见图集22G101—1，P59。
2. 结构中受力钢筋的连接接头宜设置在构件受力较小的位置，任何类型的钢筋连接接头宜尽量避开梁、柱的箍筋加密区位置，纵向钢筋的接头位置及接头面积百分比的要求，以及纵向受力钢筋绑扎搭接长度范围内的箍筋设置要求见图集22G101—1，P60。

××设计研究院有限公司	××闸站	结构设计总说明一	施工图设计	批准	核定	审查	校核	设计	制图	日期	甲级设计证书编号××
		房建部分									图号　ZJXZZ-FJ-07

七、钢筋混凝土柱

1．框架柱基础的锚固要求详见图集22G101-3。

2．柱纵向纵筋及箍筋构造要求详见图集22G101-1，P65~73。

3．梁上起柱"KZ"连接构造详见图集22G101-1，P68。

4．变截面柱纵筋在楼层处连接构造详见图集22G101-1，P72。

5．柱纵筋不应与箍筋、拉筋和预埋件焊接，当柱纵筋$d>22$ mm时，应采用机械连接或等强对接焊。

八、钢筋混凝土梁

1．楼屋面框架梁和次梁的构造要求详见图集22G101-1，P89~98。

2．悬挑梁的构造要求见图集22G101-1，P99。悬臂构件必须在混凝土强度达到100%设计强度，方可拆除支撑。

3．井字梁配筋构造详见22G101-1，P105。

4．当梁腹板高度h_w（无板时为梁高h）≥450 mm时，应在梁的两个侧面设置纵向构造钢筋，直径和根数见梁配筋图，图中无标注时均为2Φ12，其构造要求详见图集22G101-1，P97。

5．当支座两边梁高、梁宽标高不同时，钢筋构造详见图集22G101-1，P93。

6．梁上须预留孔洞及套管时，均先预留，不得后凿。框架梁上开洞时，洞口位置宜位于梁跨中1/3区段，洞口高度不应大于梁高的40%。开洞较大时，应进行承载力验算。梁上洞口周边应配置附加纵筋和箍筋，并应符合计算和构造要求。

7．如遇水平折梁、竖向折梁，钢筋构造要求详见图集22G101-1，P98。

8．对跨度大于4 m的普通梁和悬挑大于2 m的悬挑梁均应按0.2%~0.3%起拱，起拱高度不小于20 mm。

9．宽扁梁的构造做法详见图集22G101-1，P100~102。

九、钢筋混凝土现浇板

1．板底钢筋：楼板短向筋置于下层，长向筋放于上层，伸入支座的长度>5d且不小于120 mm，详见图集22G101-1，当板底与板底相平时，板筋应置于梁主筋之上。

2．板面负筋：板的支座负筋一律采用直钩，其锚固长度及高低节点的做法详见图集22G101-1，支座负筋应设置支撑，确保负筋不下沉。

3．板面加筋：现浇板中部区域未配筋者，上部按图集22G101-1，P109设置Φ6@200钢筋网。

4．板角构造：

（1）跨度≥3.9 m（双向板为短向）的楼、屋面板四角应按图集22G101-1要求配置板角加强。

（2）3.0 m≤跨度<3.9 m的楼、屋面板阳角按要求配置附加放射筋，钢筋平行于该板的角平分线，长度为0.5L_x（L_x为板的短向跨度）且不小于1 300 mm。

（3）外墙阳角处应设置放射形钢筋，钢筋的数量不应少于7Φ10，长度应大于板跨的1/3，且不应小于2 m。

5．悬挑板筋：施工中必须确保负筋不下沉，其阴阳角附加钢筋构造详见图集22G101-1，P120、121。

6．附加钢筋除注明外，钢筋直径均同悬挑板受力钢筋。

7．折板钢筋构造：详见图集22G101-1，P110。

8．板加腋构造，局部板升降钢筋构造：详见图集22G101-1，P116。

9．板翻边钢筋构造：详见图集22G101-1，P107。

10．板上留洞：除特别注明外，洞口加强详见图集22G101-1，P118、P119；后浇管道井内钢筋不得切断，待管道安装后，用高一强度等级的混凝土浇筑。

11．板内埋管：板内预埋电管，管外径不得大于板厚的1/3。管道并联时，管道间水平间距不小于3d（d为管径）。管道交叉时，交叉处，管道的混凝土保护层厚度不小于25 mm，沿管线方向板上下均设Φ4@150宽600 mm补强钢丝网。

12．室外板：现浇通长檐口（雨篷、女儿墙、栏板、挂板）须每隔10~12 m设伸缩缝，做法见图1。

13．板起拱：悬挑板及当板跨度$L≥4 000$ mm时，按《混凝土结构工程施工质量验收规范》（GB 50204—2015）规定起拱。

十、砌体工程

墙体施工要求：

1．砌体的类别及位置应严格按建筑施工不得相互搞混。

2．墙体施工采用先砌墙后构造柱的方法，砌体施工质量控制等级为B级及以上等级。

3．填充墙构造按图集《砌体填充墙结构构造》（12G614-1）施工。

4．厨房、卫生间墙体、局部出屋面外墙设置止水坎高度见建筑图，未注明时，截面尺寸为墙厚×200 mm。

5．填充墙的门窗过梁除已有详图注明者外，断面及配筋按图2及表5选用，当顶顶高距结构梁（板）底距离过小时，过梁与结构梁（板）浇成整体，配筋及做法见图3。

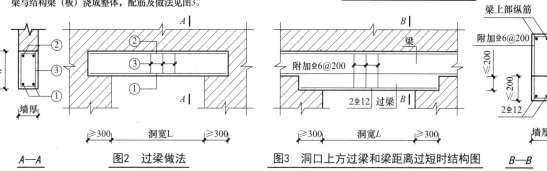

图1 板阳角附加斜向钢筋

图2 过梁做法　　图3 洞口上方过梁和梁距离过短时结构图

表5 洞口现浇过梁配筋表

洞宽L	100厚砌块				120厚砌块				200厚砌块				240厚砌块				370厚砌块			
	洞高h	①	②	③	洞高h	①	②	③	洞高h	①	②	③	洞高h	①	②	③	洞高h	①	②	③
$L≤800$	100	2Φ8	2Φ8	Φ6@200	100	2Φ10	2Φ8	Φ6@200	100	2Φ10	2Φ8	Φ6@200	120	2Φ10	2Φ8	Φ6@100	120	3Φ10	2Φ8	Φ6@100
$800<L≤1 800$	200	2Φ10	2Φ8	Φ6@200	200	2Φ10	2Φ10	Φ6@200	200	2Φ10	2Φ10	Φ6@200	180	2Φ12	2Φ10	Φ6@200	180	3Φ10	2Φ10	Φ8@200
$1 800<L≤2 400$	200	2Φ10	2Φ10	Φ6@200	200	2Φ10	2Φ10	Φ6@200	200	2Φ12	2Φ10	Φ6@200	180	3Φ12	2Φ10	Φ6@200	180	3Φ12	2Φ10	Φ8@200
$2 400<L≤3 000$	300	2Φ10	2Φ10	Φ6@200	300	2Φ10	2Φ10	Φ6@200	300	3Φ14	2Φ10	Φ6@200	240	3Φ14	2Φ10	Φ6@200	240	3Φ14	2Φ10	Φ8@200
$3 000<L≤4 000$	300	2Φ12	2Φ10	Φ6@200	300	2Φ12	2Φ12	Φ6@200	300	3Φ14	2Φ12	Φ6@200	310	3Φ16	2Φ12	Φ6@200	310	3Φ16	3Φ12	Φ8@200
$4 000<L≤5 000$	—	—	—	—	400	2Φ14	2Φ12	Φ6@200	400	3Φ18	2Φ12	Φ6@200	370	3Φ18	2Φ14	Φ6@200	370	4Φ18	3Φ12	Φ8@200
$5 000<L≤6 000$	—	—	—	—	500	3Φ20	2Φ14	Φ8@200	490	4Φ20	2Φ14	Φ6@200	490	4Φ20	3Φ14	Φ6@200	490	4Φ22	3Φ14	Φ8@200

十一、地基与基础

1．地质资料：《江苏省环太湖大堤剩余工程地质勘察报告》。

2．地质情况：见地勘报告。

3．基础施工完成后，基坑回填土及位于散水，踏步等基础之下的回填土，必须要求分层夯实，每层厚度不大于300 mm，压实系数为0.94，施工、检验要求按《建筑地基处理技术规范》（JGJ 79—2012）。

4．本工程配电房采用筏板基础，其他房屋位于水工建筑上。

十二、其他要求

1．承担本工程建筑结构施工单位应具备相应的资质。

2．结构施工应符合与本工程有关的国家现行施工验收规范及规程。

3．结构主体完工，砌筑砌体之前，应进行中间验收。未经中间验收或验收不合格，不得进行下一道工序施工。

4．结构施工中的缺陷，未经设计单位同意，不得采用水泥砂浆修补。

5．未详见处按现行相关规范规程执行。

特别说明：本工程严格按国家有关强制性标准设计，请业主、承包商、监理三方认真阅读图纸，发现问题及时与本单位联系解决以免造成损失，未尽事宜，请遵照国家现行规范及操作规程执行。

××设计研究院有限公司		××闸站	结构设计总说明二	施工图设计	批准	核定	审查	校核	设计	制图	日期	甲级设计证书编号××
ZJXZZ-FJ-08			房建部分									图号　ZJXZZ-FJ-08

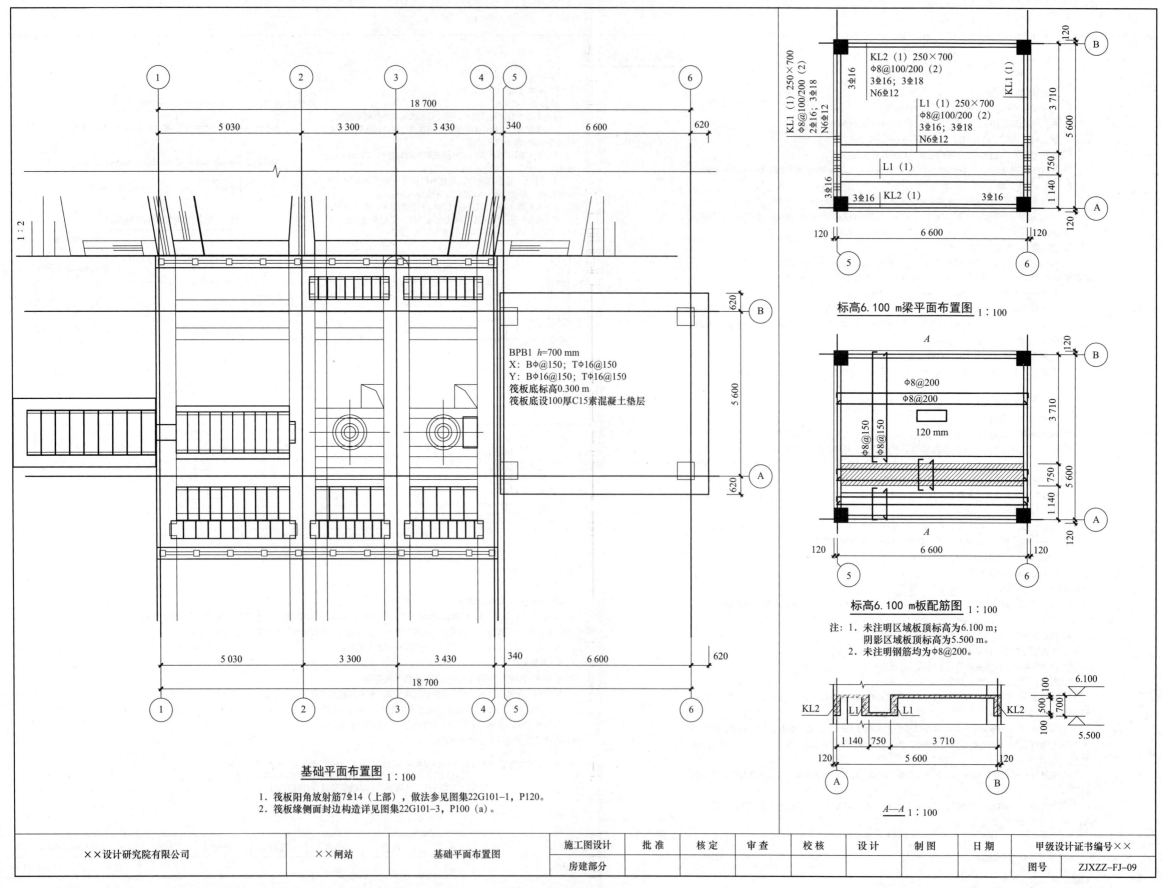

基础平面布置图 1:100

BPB1 *h*=700 mm
X：BΦ@150；TΦ16@150
Y：BΦ16@150；TΦ16@150
筏板底标高0.300 m
筏板底设100厚C15素混凝土垫层

1. 筏板阳角放射筋7Φ14（上部），做法参见图集22G101-1，P120。
2. 筏板缘侧面封边构造详见图集22G101-3，P100（a）。

KL1（1）250×700
Φ8@100/200（2）
2Φ16；3Φ18
N6Φ12

KL2（1）250×700
Φ8@100/200（2）
3Φ16；3Φ18
N6Φ12

L1（1）250×700
Φ8@100/200（2）
3Φ16；3Φ18
N6Φ12

L1（1）

KL2（1）

标高6.100 m梁平面布置图 1:100

Φ8@200
Φ8@200
Φ8@150
Φ8@150
120 mm

标高6.100 m板配筋图 1:100

注：1. 未注明区域板顶标高为6.100 m；
阴影区域板顶标高为5.500 m。
2. 未注明钢筋均为Φ8@200。

KL2 L1 L1 KL2
6.100
5.500

A—A 1:100

××设计研究院有限公司	××闸站	基础平面布置图	施工图设计	批 准	核 定	审 查	校 核	设 计	制 图	日 期	甲级设计证书编号××
		房建部分									图号 ZJXZZ-FJ-09

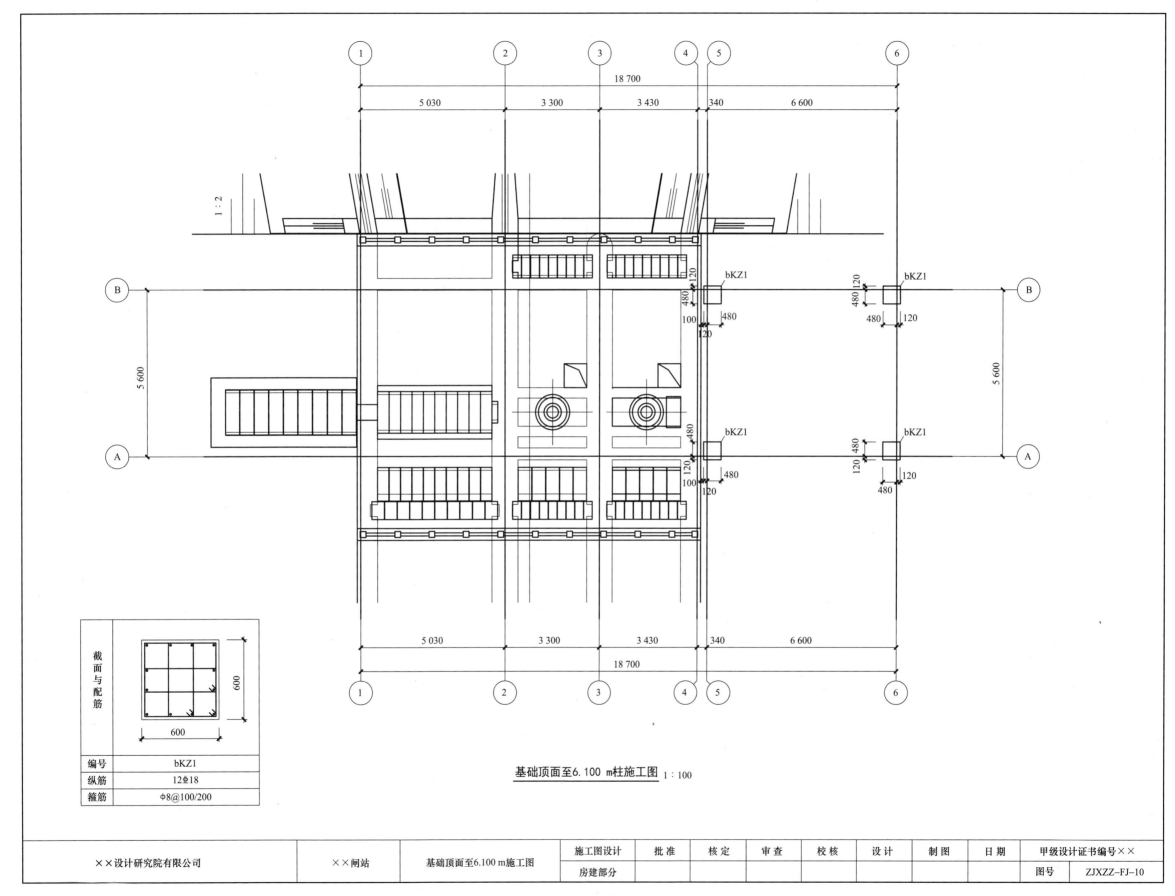

基础顶面至6.100 m柱施工图 1：100

截面与配筋												

编号	bKZ1
纵筋	12Φ18
箍筋	Φ8@100/200

××设计研究院有限公司	××闸站	基础顶面至6.100 m施工图	施工图设计	批 准	核 定	审 查	校 核	设 计	制 图	日 期	甲级设计证书编号××
			房建部分								图号 ZJXZZ–FJ–10

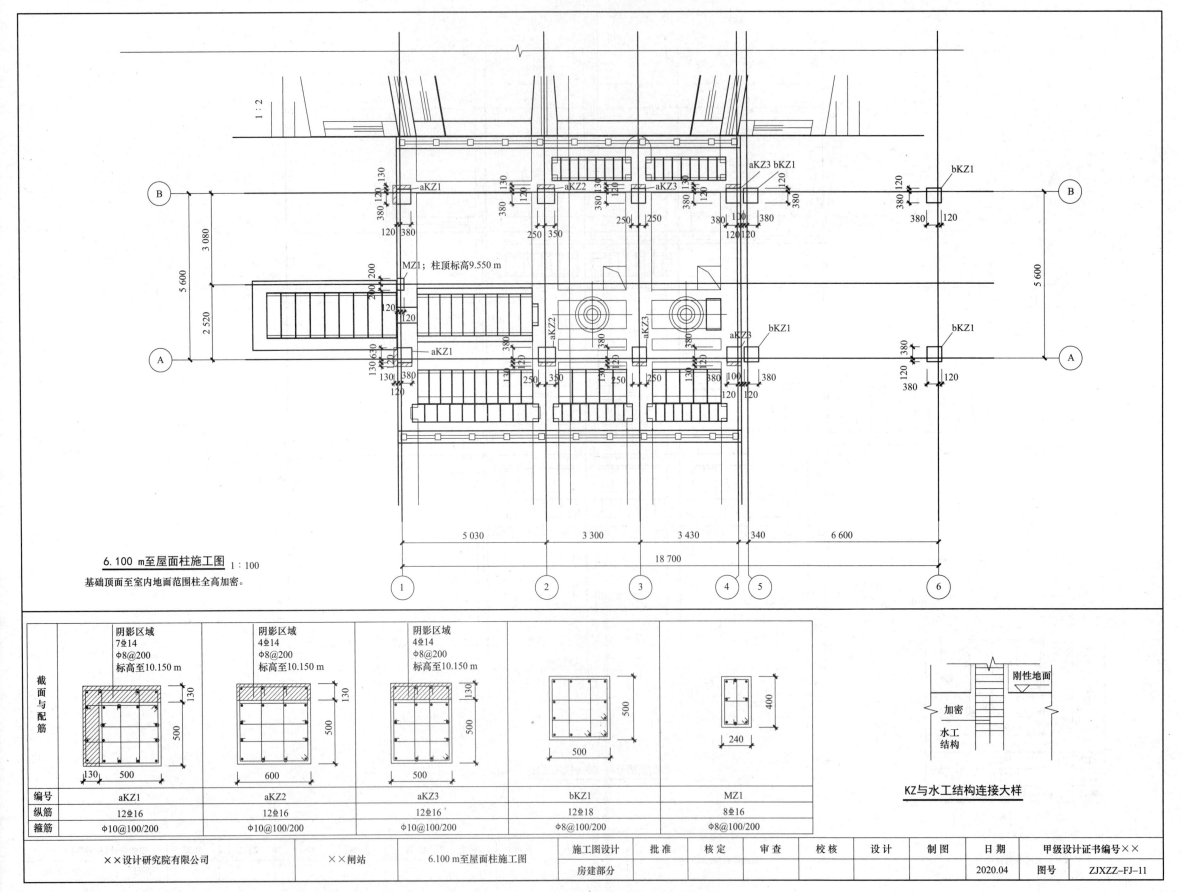

6.100 m至屋面柱施工图 1：100

基础顶面至室内地面范围柱全高加密。

KZ与水工结构连接大样

刚性地面

加密

水工结构

截面与配筋					
阴影区域 7Φ14 Φ8@200 标高至10.150 m	阴影区域 4Φ14 Φ8@200 标高至10.150 m	阴影区域 4Φ14 Φ8@200 标高至10.150 m			
编号	aKZ1	aKZ2	aKZ3	bKZ1	MZ1
纵筋	12Φ16	12Φ16	12Φ16	12Φ18	8Φ16
箍筋	Φ10@100/200	Φ10@100/200	Φ10@100/200	Φ8@100/200	Φ8@100/200

××设计研究院有限公司	××闸站	6.100 m至屋面柱施工图	施工图设计	批准	核定	审查	校核	设计	制图	日期	甲级设计证书编号××
		房建部分								2020.04	图号 ZJXZZ–FJ–11

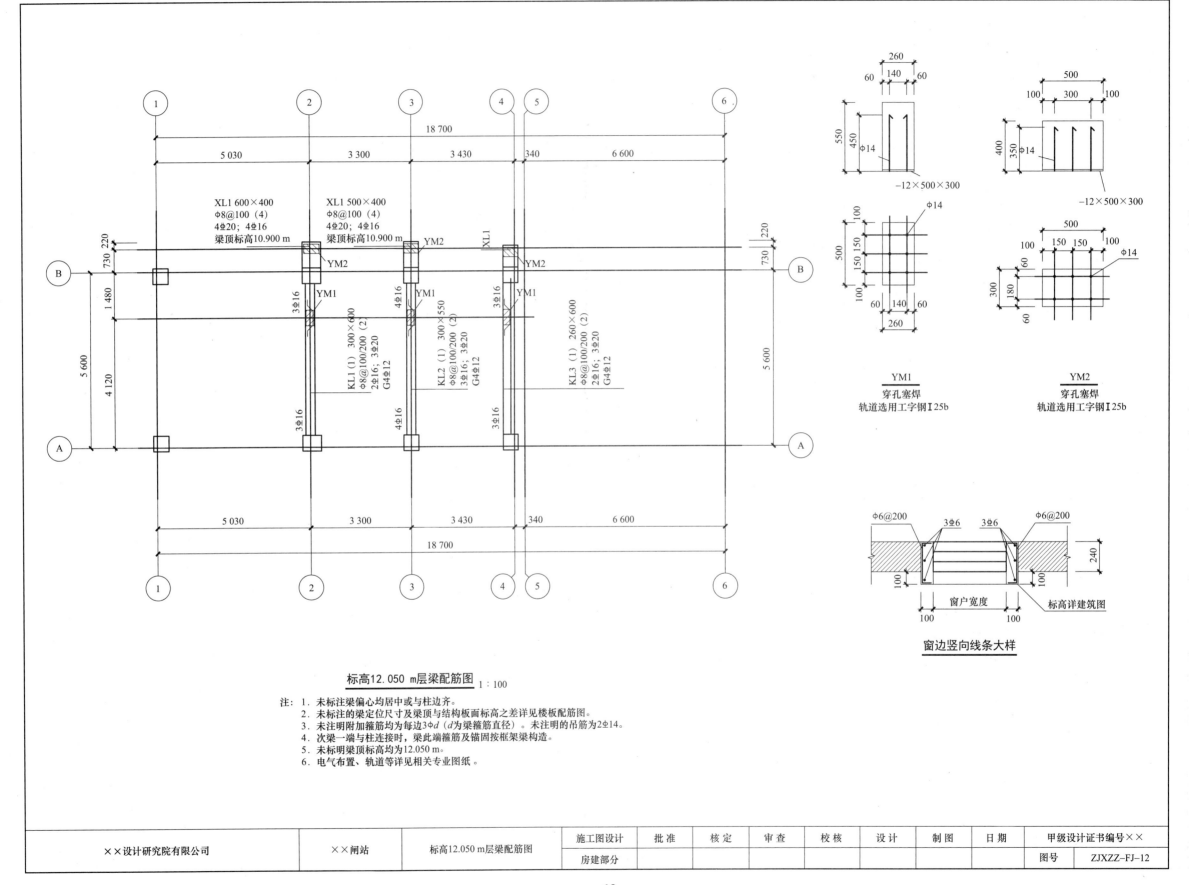

标高12.050 m层梁配筋图 1:100

注: 1. 未标注梁偏心均居中或与柱边齐。
　　2. 未标注的梁定位尺寸及梁顶与结构板面标高之差详见楼板配筋图。
　　3. 未注明附加箍筋均为每边3ϕd（d为梁箍筋直径）。未注明的吊筋为2ϕ14。
　　4. 次梁一端与柱连接时，梁此端箍筋及锚固按框架梁构造。
　　5. 未标明梁顶标高均为12.050 m。
　　6. 电气布置、轨道等详见相关专业图纸。

××设计研究院有限公司	××闸站	标高12.050 m层梁配筋图	施工图设计	批准	核定	审查	校核	设计	制图	日期	甲级设计证书编号××
		房建部分									图号　ZJXZZ–FJ–12

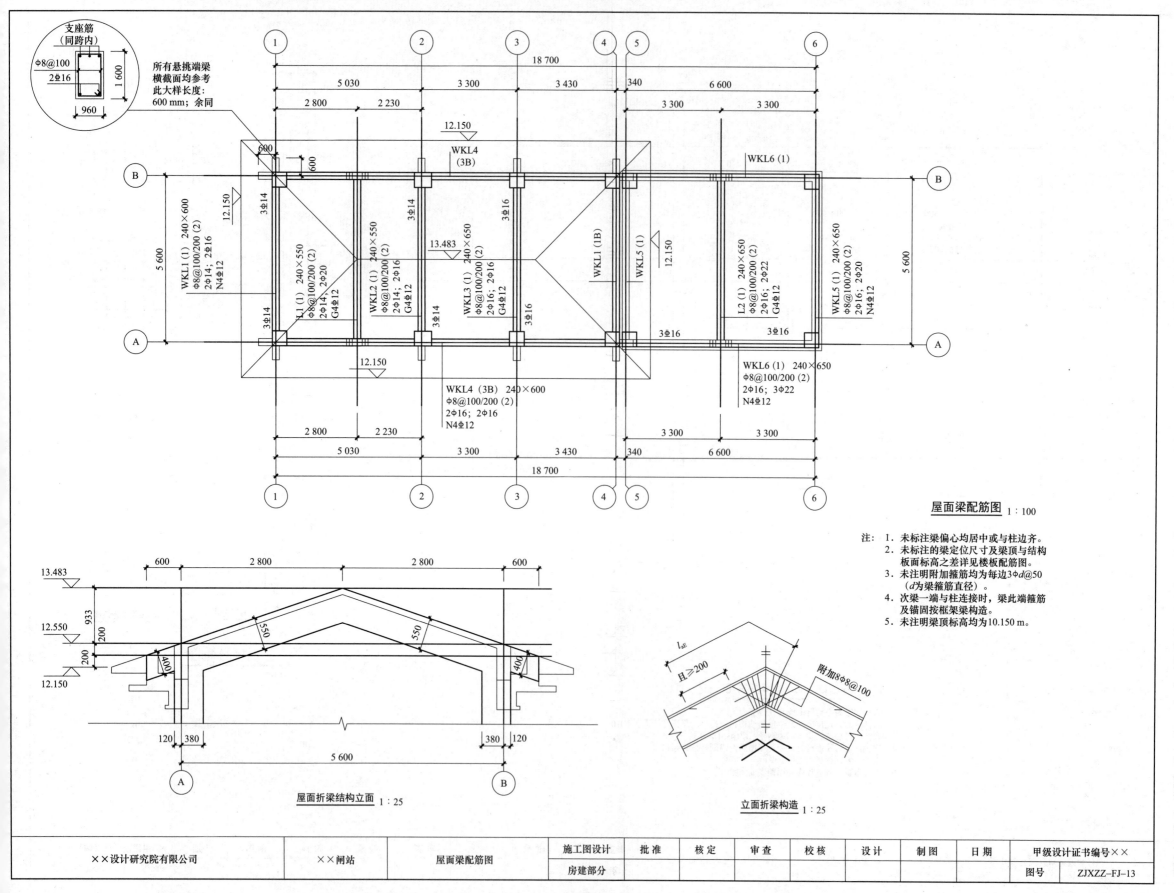

支座筋
(同跨内)
Φ8@100
2Φ16
1 600
960

所有悬挑端梁
横截面均参考
此大样长度：
600 mm；余同

屋面梁配筋图 1:100

WKL1 (1) 240×600
Φ8@100/200 (2)
2Φ14；2Φ16
N4Φ12

L1 (1) 240×550
Φ8@100/200 (2)
2Φ14；2Φ20
G4Φ12

WKL2 (1) 240×550
Φ8@100/200 (2)
2Φ14；2Φ16
G4Φ12

WKL3 (1) 240×650
Φ8@100/200 (2)
2Φ16；2Φ16
G4Φ12

WKL4 (3B) 240×600
Φ8@100/200 (2)
2Φ16；2Φ16
N4Φ12

L2 (1) 240×650
Φ8@100/200 (2)
2Φ16；2Φ22
G4Φ12

WKL5 (1) 240×650
Φ8@100/200 (2)
2Φ16；2Φ20
N4Φ12

WKL6 (1) 240×650
Φ8@100/200 (2)
2Φ16；3Φ22
N4Φ12

注：1. 未标注梁偏心均居中或与柱边齐。
   2. 未标注的梁定位尺寸及梁顶与结构
     板面标高之差详见楼板配筋图。
   3. 未注明附加箍筋均为每边3Φd@50
     (d为梁箍筋直径)。
   4. 次梁一端与柱连接时，梁此端箍筋
     及锚固按框架梁构造。
   5. 未注明梁顶标高均为10.150 m。

屋面折梁结构立面 1:25

立面折梁构造 1:25

××设计研究院有限公司	××闸站	屋面梁配筋图	施工图设计	批准	核定	审查	校核	设计	制图	日期	甲级设计证书编号××
ZJXZZ-FJ-13		房建部分									图号 ZJXZZ-FJ-13

· 14 ·

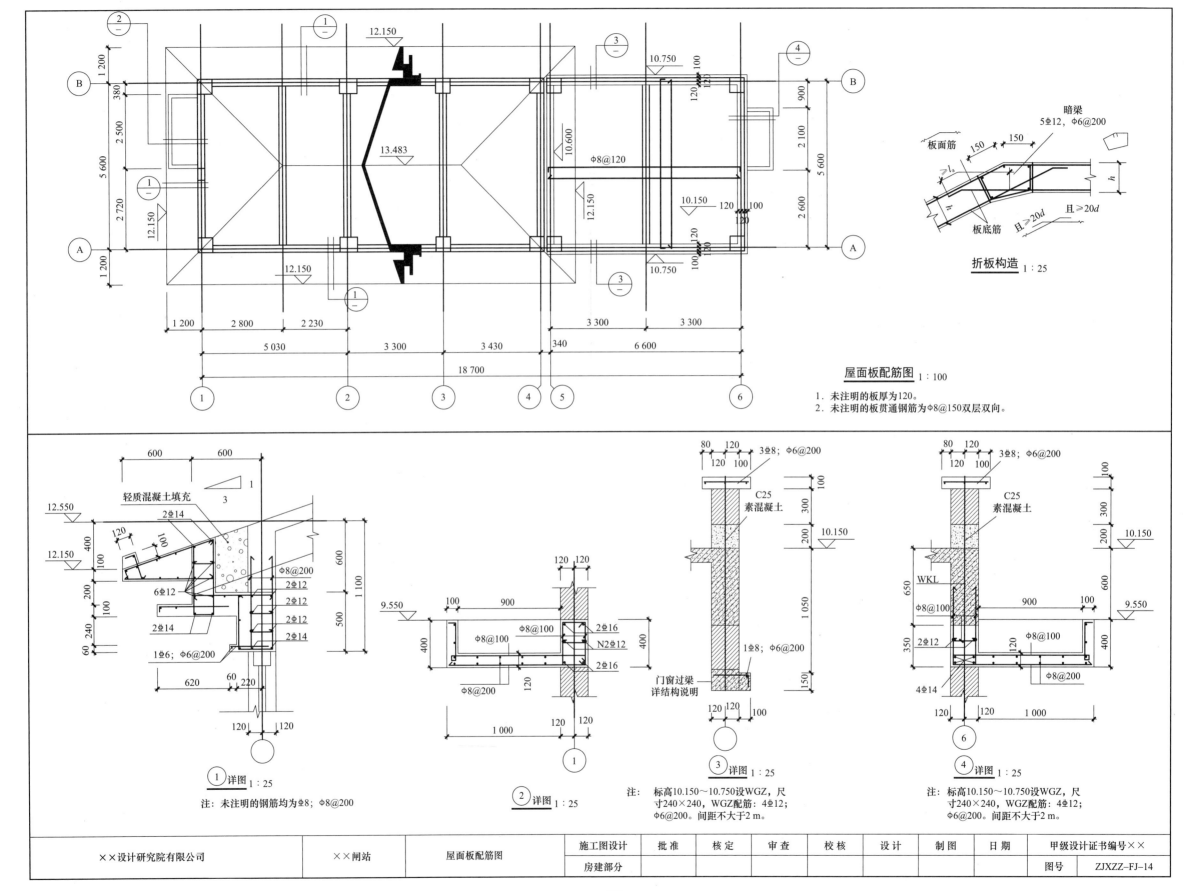

折板构造 1 : 25

暗梁
5Φ12，Φ6@200

板面筋

板底筋

屋面板配筋图 1 : 100

1. 未注明的板厚为120。
2. 未注明的板贯通钢筋为Φ8@150双层双向。

轻质混凝土填充

① 详图 1 : 25
注：未注明的钢筋均为Φ8；Φ8@200

② 详图 1 : 25

③ 详图 1 : 25
注：标高10.150～10.750设WGZ，尺寸240×240，WGZ配筋：4Φ12；Φ6@200。间距不大于2 m。

C25素混凝土

门窗过梁详结构说明

④ 详图 1 : 25
注：标高10.150～10.750设WGZ，尺寸240×240，WGZ配筋：4Φ12；Φ6@200。间距不大于2 m。

C25素混凝土

WKL

××设计研究院有限公司	××闸站	屋面板配筋图	施工图设计	批准	核定	审查	校核	设计	制图	日期	甲级设计证书编号××
		房建部分									图号 ZJXZZ-FJ-14